U0851945

低压电工作业培训教材

电工安全技术

（第二版）

曾芬芳　刘兴颖　主　编

熊耀平　罗世浩　李晓儿　温信子　副主编

中国铁道出版社有限公司

CHINA RAILWAY PUBLISHING HOUSE CO., LTD.

内 容 简 介

本书根据广东省特种作业低压电工实操考核标准编写,旨在进一步做好电工基本技能训练及特种作业人员的培训和考核工作,提高从业人员安全素质。全书包括电工安全用具的使用、安全操作技术、作业现场安全隐患排查及作业现场应急处理四个科目。本书突出职业教育的特点,以实际操作考核的工作任务为驱动,图文并茂,通俗易懂,易教易学。重点操作部分配有二维码,扫码即可观看视频讲解,以方便读者自学。

本书适合作为工厂机电类、电工类岗位人员考核电工上岗证的培训教材,也可作为中等职业学校“电工安全技术”课程教材。

图书在版编目(CIP)数据

电工安全技术 / 曾芬芳,刘兴颖主编. -- 2 版.
北京 : 中国铁道出版社有限公司, 2025. 7. -- (低压电工作业培训教材). -- ISBN 978-7-113-32252-6

Ⅰ. TM08

中国国家版本馆 CIP 数据核字第 2025UT3353 号

书　　名: 电工安全技术
作　　者: 曾芬芳　刘兴颖

策　　划: 唐　旭　贾　星　　**编辑部电话:**(010)63549501
责任编辑: 贾　星　彭立辉
封面设计: 刘　颖
责任校对: 刘　畅
责任印制: 赵星辰

出版发行: 中国铁道出版社有限公司(100054,北京市西城区右安门西街 8 号)
网　　址: https://www.tdpress.com/51eds
印　　刷: 河北燕山印务有限公司
版　　次: 2018 年 6 月第 1 版　2025 年 7 月第 2 版　2025 年 7 月第 1 次印刷
开　　本: 710 mm×1 000 mm　1/16　**印张:** 14.75　**字数:** 281 千
书　　号: ISBN 978-7-113-32252-6
定　　价: 43.00 元

前 言

电工基本知识和实际操作的考核是电工安全技术培训考核的重点。为适应对电工作业人员实际操作能力培训考核工作的需要，进一步做好电工基本技能训练及特种作业人员的培训和考核工作，提高从业人员安全素养，我们根据我国最新制定的《特种作业人员安全技术培训考核管理规定》（国家安全生产监督总局2015年修订版）和广州市特种作业低压电工实操考核标准编写了本书。为了提高学习质量和考试的针对性，在本书的附录中增加了模拟考试练习题，进一步为学生提供帮助。

本书基于实际操作考核的工作任务开展一体化教学的特点而编写，坚持以学生为主体、教师为引导的教学原则，将电工安全技术的理论知识和操作技术与生产实践融合在一起，秉承生命至上的理念，培养学生强烈的安全文明生产素养及合作交流、自主探究、勇于创新等能力，提高学生综合能力。

本书介绍了安全用电技术的基本知识和基本操作技能，内容包括电工安全用具的使用、安全操作技术、作业现场安全隐患排查及作业现场应急处置4个科目。全书内容力求概念清晰、通俗易懂，既便于组织课堂教学和实践，也便于学生自学。本书在第一版的基础上更新了如下内容：科目一新增使用万用表测量电阻、电压及挂接临时接地线两个任务；对电工安全标识的识读进行了补充，并将该内容安排至科目三；对课后练习题进行了更新及拓展。

本书由曾芬芳、刘兴颖任主编,熊耀平、罗世浩、李晓儿、温信子任副主编。其中,曾芬芳负责整体构架设计和制定分工协作方案,并编写科目一;刘兴颖编写科目四;熊耀平编写科目二的任务二至任务四;罗世浩编写附录部分习题;李晓儿编写科目三;温信子编写科目二的任务一、任务五、任务六。

由于时间仓促,加之编者水平有限,疏漏和不妥之处在所难免,敬请读者指正。

编　者

2025 年 1 月

目录

科目一

电工安全用具的使用

任务一　登高作业

任务描述

在电气作业中,常出现电线杆上的导线或室内配电电路老化需要维修的情况,要求在高于地面 2 m 的高空进行作业。为了正常作业和保障维修人员的人身安全,需要用到梯子、脚扣或登高板、安全帽、安全带等电工安全用具。

学习目标

一、知识目标

①掌握安全帽、安全带的用途及使用注意事项。
②掌握梯子、脚扣、登高板的用途。

二、技能目标

①规范穿戴安全帽、安全带。
②规范使用梯子、脚扣、登高板进行登高作业。

知识准备

一、安全帽

1. 安全帽的结构

安全帽(见图 1-1-1)是防止冲击物伤害头部的防护用品,适用于可能存在坠落物伤害、轻微磕碰、飞溅小物品的作业场所,以及作业人员有坠落危险的场所。安全帽由帽壳、顶衬、下颌带和帽箍组成。帽壳呈半球形,坚固、光滑并有一定弹性,打击物的冲击和穿刺动能主要由帽壳承受。帽壳和帽衬之间留有一定空间,可缓冲、分散瞬时冲击力,从而避免或减轻对头部的直接伤害。冲击吸收性能、耐穿刺性能、侧向刚性、电绝缘性、阻燃性是对安全帽基本技术性能的要求。

图 1-1-1　安全帽

2. 安全帽使用注意事项

①安全帽使用前应检查有无裂痕，磨损是否严重，有无受过重击变形，帽箍和帽箍扣、下颌带等是否完整；新领的安全帽，要检查是否有劳动部门允许生产的证明及产品合格证。

②戴安全帽时应调整好下颌带的松紧程度，调整好后箍并抬头、低头几次检查安全帽是否会遮挡视线。使用安全帽时应保持安全帽的整洁，不让安全帽接触火源，不准随意刷油漆，不准将安全帽当凳子坐。

二、安全带

安全带是登高作业时必备的保护用具，无论用登高板或脚扣都要与安全带配合使用。安全带腰带用皮革、帆布或化纤材料制成。

安全带由腰带、腰绳和保险绳组成。腰带用来系挂腰绳、保险绳和吊物绳，使用时应系结在臀部上部而不是系结在腰间；在杆上作业也作为一支撑点，使全身重量不全落在脚上，否则操作时容易扭伤腰部且不便操作。腰绳用来固定人体腰下部，以扩大上身活动的幅度，使用时应系在电杆横担或抱箍下方，以防止腰绳窜出杆顶而造成工伤事故。保险绳用来防止万一失足人体下落时不致坠地摔伤，一端要可靠地系结在腰带上，另一端用保险绳扣钩在横担、抱箍或其他固定物上，要高挂低用，如图 1-1-2 所示。

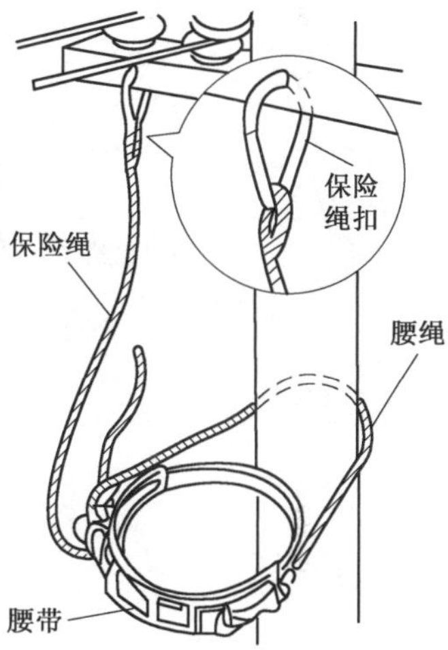

图 1-1-2　安全带

另外，安全带使用前必须仔细检查，长短要调节适中，作业时保险绳扣一定要扣好。

三、梯子

梯子常用于 3 m 以下的作业。电工常用的梯子有竹梯和人字梯，如图 1-1-3 所示。梯子应牢固可靠，不能使用钉子钉成的木梯子；竹梯在使用前应检查是否有虫蛀及折裂现象；两脚应绑扎麻布或胶皮之类防滑材料或套上橡胶套；为防止梯横挡松动，竹梯上、下用铁线绑扎牢固；为防撞，梯脚段涂荧光漆；竹梯放置与地面的夹角以 60°左右为宜，并要有人扶持或绑牢；人字梯使用时应将中间搭钩扣好或在中间绑扎拉绳以防自动滑开造成工伤事故；在竹梯上作业时，人应勾脚站立。在人字梯上作业时，切不可采取骑马的方式站立。梯顶不得放置工具、材料；在高处工作传递物件时不得上下抛掷;梯顶一般不应低于工作人员的腰部,切忌在梯子的最高处或一、二级横挡上工作;不准垫高梯子使用。梯子的安放应与带电部分保持安全距离;扶梯人应戴好安全帽。

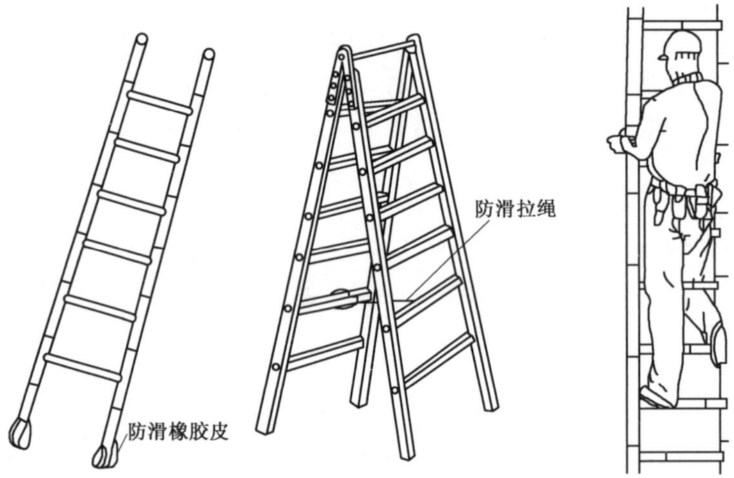

(a)竹梯　(b)人字梯　(c)电工在梯子上的站立姿势

图 1-1-3　梯子及人站立的姿势

四、登高板

1. 登高板结构

登高板又称踏板,用来攀登电杆。登高板由脚板、绳索、铁钩组成。脚板由坚硬的木板制成,规格如图 1-1-4(a)所示。绳索为直径 16 mm 多股白棕绳或尼龙绳,绳两端系结在踏板两头的扎结槽内,绳顶端系结铁挂钩,绳的长度应与使用人的身材相适应,一般在一人一手长左右,如图 1-1-4(b)所示。踏板和绳均应能承受 2 206 N 的拉力试验。

2. 使用登高板登杆时的注意事项

①踏板使用前,要检查踏板有无裂纹或腐朽,绳索有无断股。

②踏板挂钩时必须正钩,钩口向外、向上,切勿反钩,以免造成脱钩事故,正确方法如图 1-1-4(c)所示。

③登杆前,应先将踏板钩挂好,踏板离地面 15~20 cm,用人体做冲击载荷试验,检查踏板有无下滑,是否可靠。

④为了保证在杆上作业时人体平稳,不使踏板摇晃,站立时两脚前掌内侧应夹紧电杆,姿势如图 1-1-4(d)所示。

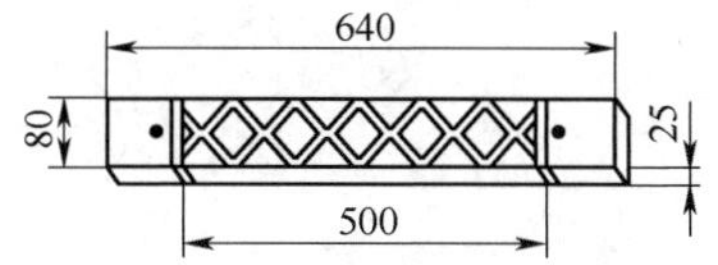

（a）登高板规格

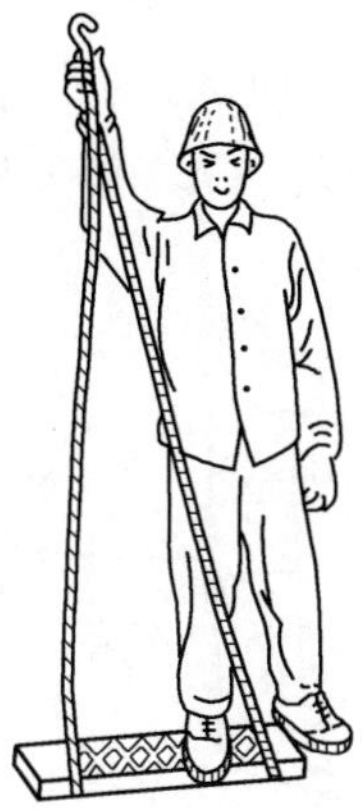

（b）登高板绳长度

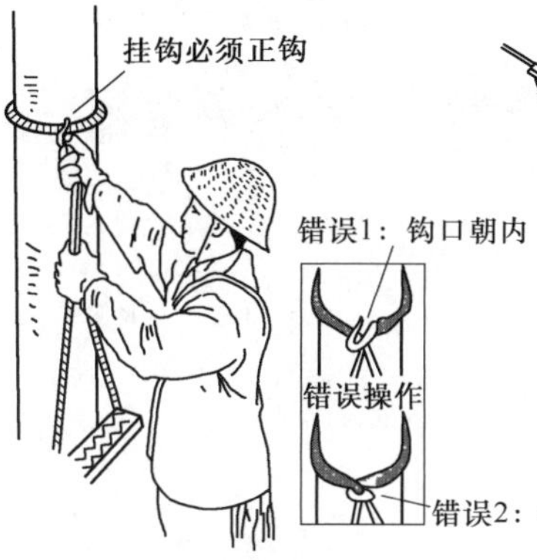

（c）挂钩方法

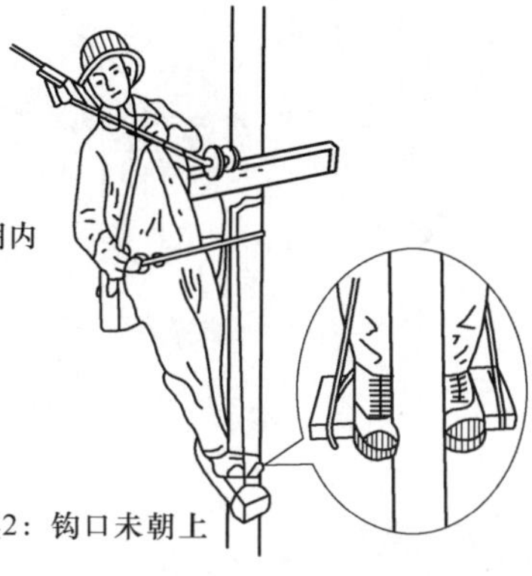

（d）在登高板上作业的站立姿势

图 1-1-4　登高板

注：（c）图登高板挂钩钩口应向上向外钩挂

五、脚扣

脚扣也是攀登电杆的工具，常用于 15 m 以下的登高作业，如图 1-1-5（a）所示。脚扣分为木杆脚扣和水泥杆脚扣两种。木杆脚扣的扣环上有突出的铁齿，其外形如图 1-1-5（b）所示。水泥杆脚扣的扣环上装有橡胶套或橡胶垫，起防滑作用，如图 1-1-5（c）所示。脚扣大小有不同规格，以适应电杆粗细不同的需要。用脚扣在杆上作业易疲劳，故只宜在杆上短时间作业使用。

使用脚扣登杆时的注意事项：

①使用前必须仔细检查脚扣各部分有无裂纹、腐朽现象，脚扣皮带是否牢固可靠；脚扣皮带若损坏，不得用绳子或电线代替。

②要按电杆粗细选择大小合适的脚扣。水泥杆脚扣可用于木杆，但木杆脚扣

不能用于水泥杆。

③登杆前,应对脚扣进行人体载荷冲击试验。

④上、下杆的每一步,必须使脚扣完全套入并可靠地扣住电杆,才能移动身体,否则会造成事故。

视频

使用脚扣登杆

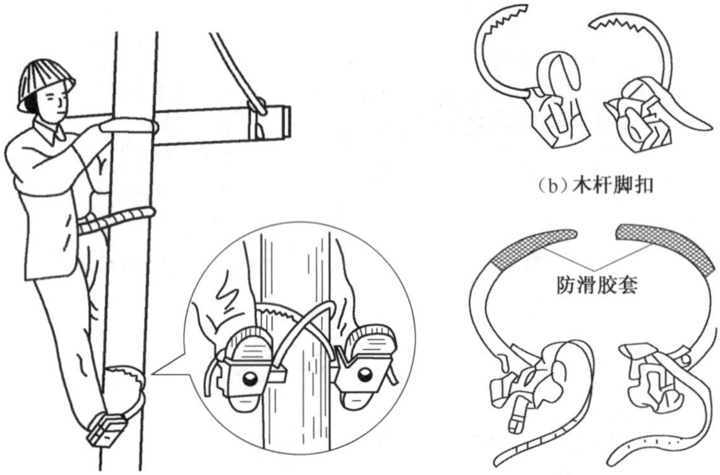

(a)站立姿势　(b)木杆脚扣　(c)水泥杆脚扣

图 1-1-5　脚扣及站立姿势

任务实施

一、任务要求

①按照操作规范使用梯子进行室外电杆的登高。

②按照操作规范使用脚扣进行室外电杆的登高。

③按照操作规范使用登高板进行室外电杆的登高。

二、操作流程

1. 使用梯子进行登高作业

①选梯:带电作业不准用金属人字梯。

②搬梯:配电房中必须由两人放倒搬运,且与带电体要保持足够的安全距离。

③放梯:梯子放置的角度应与地面成 60°左右。

④爬梯:上梯前应检查梯子牢固可靠,上梯时要有人扶梯。

⑤梯子不准垫高使用,要有防滑措施,人字梯使用时中间必须扎绳。

⑥用梯：竹梯上作业应采用勾脚式站立，不准在梯子最高层工作及人字梯的最高层骑马式工作。

⑦ 超过 2 m 为高空作业，高空作业不能抛掷工具，应用吊绳传递。

2. 使用登高板正确登杆及下杆

(1)登杆前的准备

①正确选择登高板，检查踏板有无腐蚀、裂纹；绳索有无断裂、霉变；钩子有无锈蚀、变形，绳扣与踏板间应套接紧密；检查登高板是否超过试验周期。

②登杆前对登高板进行人体冲击试验。

③检查安全带标牌及合格证；检查安全带有无裂纹、断裂，是否牢固；金属件有无缺少、裂纹及锈蚀；安全绳是否有打结现象。

(2)登杆训练

①正确穿戴安全帽、安全绳，检查电线杆塔是否有断裂现象。

②先把一只踏板钩挂在电杆上，高度以操作者能跨上为准，另一只踏板反挂在肩上。

③用右手握住挂钩端两根棕绳，并用大拇指顶住挂钩，左手握住左边贴近木板的单根棕绳，把右脚跨上踏板，然后用力使人体上升，待人体重心转到右脚时，左手即向上扶住电杆。

④当人体上升到一定高度时，松开右手并向上扶住电杆使人体立直，将左脚绕过左边单根棕绳踏入木板内。

⑤待人体站稳后，在电杆上方挂上另一只踏板，然后右手紧握上一只踏板的双根棕绳，并用大拇指顶住挂钩，左手握住左边贴近木板的单根棕绳，把左脚从下踏板左边的单根棕绳内退出，改成踏在正面下踏板上，接着将右脚跨上踏板，手脚同时用力，使人体上升。

⑥当人体离开下面一只踏板时，需要把下面一只踏板解下，此时左脚必须抵住电杆，以免人体摇晃不稳。

以后重复上述各步骤进行攀登，直至所需高度。

(3)下杆训练

①人体站稳在现用的一只踏板上(左脚绕过左边棕绳踏入木板内)，把另一只踏板钩挂在下方电杆上。

②右手紧握现用踏板挂钩处双根棕绳，并用大拇指抵住挂钩，左脚抵住电杆下伸，随即用左手握住下踏板的挂钩处，人体也随左脚的下伸而下降，同时把下踏板下降到适当位置，将左脚插入下踏板两根棕绳间并抵住电杆。

③将左手握住上踏板的左端棕绳，同时左脚用力抵住电杆，以防止踏板滑下和人体摇晃。

④双手紧握上踏板的两端棕绳,左脚抵住电杆不动,人体逐渐下降,直到右脚踏到下踏板。

⑤把左脚从下踏板两根棕绳内抽出,人体贴近电杆站稳,左脚下移并绕过左边棕绳踏到下踏板上。以后步骤重复进行,直至人体着地为止。

(4)登高用具及安全防护用具的整理

登高作业完成后应将登高用具和安全帽、安全带,电工工具放置到相应的位置,由专人保管,登记造册。

(5)踏板登杆和下杆训练的注意事项

①初次登杆时必须在较低的练习电杆上训练,待熟练后,才可正式参加登杆和杆上操作。

②初次登杆训练时,电杆下面必须放置海绵垫等保护物,以免发生意外。

③使用登高板进行登高作业时,应穿戴好安全帽、安全带,设专人监护。

3. 使用脚扣登杆及下杆

(1)用脚扣登杆前的准备

①选择合适的脚扣。登木杆选择木杆脚扣,登水泥杆选择水泥杆脚扣。检查脚扣的弧形环扣有无破裂,腐蚀;脚扣皮带有无损坏;水泥杆脚扣要检查防滑橡胶是否完整、牢固;木杆脚扣要检查环内齿是否完整;不得用绳子或电线代替脚扣皮带。

②登杆前对登高板进行人体冲击试验,同时应检查脚扣皮带是否牢固可靠。

③检查安全带标牌及合格证;检查安全带有无裂纹、断裂,是否牢固;金属件有无缺少、裂纹及锈蚀;安全绳是否有打结现象。

(2)脚扣登杆及下杆操作

脚扣登杆和下杆的方法如图 1-1-6 所示。操作时,需注意两手和两脚的协调配合,当左脚向上跨扣时,左手应同时向上扶住电杆;当右脚向上跨扣时,右手应同时向上扶住电杆。使用脚扣进行登高作业时,应穿戴好安全帽、安全带,设专人监护。

4. 安全文明生产

电工安全用具使用完后,应放置在指定的位置,由专人保管,登记造册。

(1)安全帽的保管保养

①保持安全帽的整洁;②不准接触火源;③不准随意刷油漆;④不准当凳子坐。

(2)安全带的保管保养

①放置在干燥、通风的环境中;②不准接触高温、明火、强酸及有尖锐坚硬物件;③不得长期暴晒;④安全带上的任何部件不得任意拆除;⑤可放入温水中用肥皂水轻轻擦拭,然后晒干。

(a) 登杆（一）　(b) 登杆（二）　(c) 登杆（三）　(d) 下杆（一）　(e) 下杆（二）

图 1-1-6　脚扣登杆和下杆的方法

三、检查评价

对任务的实施完成情况进行评分,评分标准见表 1-1-1。

表 1-1-1　评分标准

序号	考评内容	配分	扣分原因	扣分	得分
1	登高用具的选用	6	叙述用途有误　扣 1~3 分 叙述使用场合有误　扣 1~3 分		
2	登高用具的检查	3	检查不规范　扣 1~2 分 不会检查　扣 3 分		
3	个人防护用品的选用	3	检查不规范　扣 1~2 分 不会检查　扣 3 分		
4	登高作业	8	登高作业操作不规范　扣 1~8 分 违反安全操作规范　扣 8 分		
合计		20			

自我测试

1. 保险绳的使用应________________。

2. 使用竹梯时,梯子与地面的夹角以________为宜。

3. ________是登杆作业时必备的保护用具,无论用登高板或脚扣都要与其配合使用。

4. 登高板和绳索应能承受________N的拉力试验。

5. 登杆前,应对脚扣进行________试验。

6. 使用梯子进行高空作业时需要注意哪些事项?

7. 登高作业需要注意哪些事项?

任务二　带电更换低压熔断器

任务描述

熔断器安装在电路中,是保证电路安全运行的电气元件,在电路中起过电流及短路保护的作用。在低压电路中,若熔断器出现损坏,应及时进行更换,确保电路正常运行。更换低压熔断器要求针对熔断器损坏的电路或设备,不影响其他电路或设备的正常运行,并且能保障操作人员的人身安全。

学习目标

一、知识目标

①了解绝缘手套、绝缘鞋、防护眼镜的用途及使用注意事项。

②了解安全标识的意义及悬挂场所。

二、技能目标

根据安全文明生产要求,规范进行带电更换低压熔断器的操作。

知识准备

一、防护眼镜

1. 防护眼镜的作用

防护眼镜(见图1-2-1)适用于有粉尘、风沙、飞溅物、强光、各种辐射的场合。电工防护眼镜主要用来防止金属屑、砂石碎屑或电弧对眼睛的伤害。

2. 防护眼镜使用注意事项

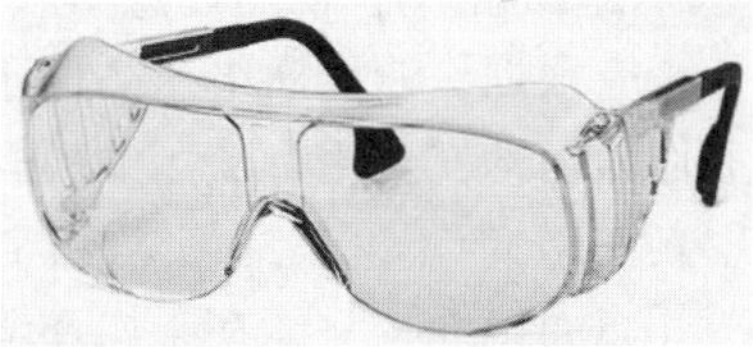

图 1-2-1　防护眼镜

①选用经产品检验机构验证合格的产品。

②选用宽窄、大小适合使用者脸型的产品。

③如果镜片磨损粗糙、镜架损坏，要及时更换。

④专人专用，防止传染疾病。

⑤焊接护目镜的滤光片和保护片要按规定作业的需要进行选用和更换。

⑥防止重摔重压，防止坚硬的物体摩擦镜片。

二、绝缘手套和绝缘鞋

绝缘手套和绝缘鞋(见图 1-2-2)用绝缘性能良好的橡胶制成。两者都作为辅助安全用具；但绝缘手套可作为低压(1 kV 以下)工作的基本安全用具；绝缘鞋用于带电作业时使人体与地保持绝缘，可作为防护跨步电压的基本安全用具。

(a) 低压绝缘手套　　(b) 绝缘鞋　　(c) 高压绝缘手套、绝缘靴

图 1-2-2　绝缘手套和绝缘鞋

1. 绝缘手套使用注意事项

①用户购进手套后，若发现在运输、储存过程中遭雨淋、受潮湿发生霉变，或有其他异常变化，应到法定检测机构进行电性能复核试验。

②在使用前必须对高压绝缘手套进行充气检验，发现有任何破损则不能使用。

③作业时，应将衣袖口套入高压绝缘手套筒口内，以防发生意外。

④使用后，应将内外污物擦洗干净，待干燥后，撒上滑石粉放置平整，以防受压受损，且勿放于地上。

⑤应储存在干燥、通风、室温-15～+30 ℃、相对湿度 50%～80%的库房中，远离热源，离开地面和墙壁 20 cm 以上。避免受酸、碱、油等腐蚀品的影响，不要露天放置，避免阳光直射，勿放于地上。

⑥每使用 6 个月必须进行预防性试验。

2. 绝缘鞋(靴)使用注意事项

①应根据作业场所电压高低正确选用绝缘鞋,低压绝缘鞋禁止在高压电气设备上作为辅助安全用具使用,高压绝缘靴可以作为高压和低压电气设备上辅助安全用具使用,但不论是穿低压或高压绝缘靴,均不得直接用手接触电气设备。

②布面绝缘鞋只能在干燥环境下使用,避免布面潮湿。

③使用的绝缘靴不可有破损。

④穿用绝缘靴时,应将裤管套入靴筒内。穿用绝缘鞋时,裤管不宜长及鞋底外沿条高度,更不能长及地面,保持布帮干燥。

⑤非耐酸、碱、油的橡胶底,不可与酸碱油类物质接触,并应防止尖锐物刺伤。低压绝缘鞋若底花纹磨光,露出内部颜色,则不能作为绝缘鞋使用。

⑥在购买绝缘靴时,应查验鞋上是否有绝缘永久标记(如红色闪电符号),鞋底有无耐电压伏数等标识,鞋内有无合格证、安全鉴定证、生产许可证编号等。

三、绝缘垫

绝缘垫(见图 1-2-3)只作为辅助安全用具,一般铺在配电室的地面上,以便在带电操作断路器或隔离开关时增强操作人员对地绝缘,防止接触电压与跨步电压对人体的伤害。

绝缘垫由具有一定厚度、表面有防滑条纹的橡胶制成,其最小尺寸不宜小于 0.8 m×0.8 m。绝缘垫应保持干燥、清洁,不得与酸、碱及各种溶剂接触,避免阳光直射或锐利金属划刺,存放时避免电源距离太近,要经常检查绝缘垫有无裂纹、划痕。

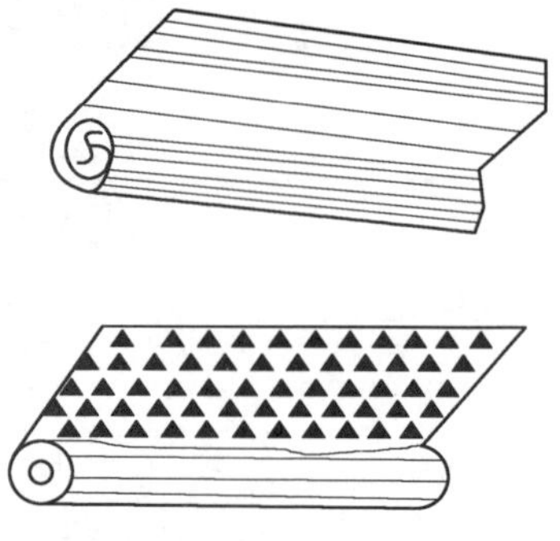

图 1-2-3 绝缘垫

任务实施

一、任务要求

三相低压系统中,在不影响其他设备正常运行和保证操作人员安全的前提下,更换一台三相设备的低压熔断器。

二、操作流程

①穿长袖工服,检查是否戴好安全帽、防护眼镜。

②选择低压绝缘手套、绝缘鞋,并正确穿戴,先穿绝缘鞋,再戴绝缘手套,选择

规格合适的低压载熔器。

③操作者站在绝缘垫上，并设专人监护。

④切断负荷开关，并在负荷开关上挂“禁止合闸，有人工作！”标识牌，防止非操作人员误合闸使电路有电流流过。

⑤拆卸熔断器：先拆中间相，后拆两边相，先拆熔断器的进线端，后拆出线端。

⑥装熔断器：选择与原熔断器规格型号相同的熔断器进行安装。先装两边相，再装中间相；先装熔断器的出线端，后装进线端。

⑦熔断器更换完毕，应拿下标识牌，合上负荷开关，使电路工作。

三、检查评价

对任务的实施完成情况进行评分，评分标准见表1-2-1。

表1-2-1　评分标准

序号	考评内容	配分	扣分原因	扣分	得分
1	防护眼镜的使用	3	使用不规范　扣1~2分 不会检查　扣3分		
2	绝缘手套的使用	3	使用不规范　扣1~2分 不会检查　扣3分		
3	绝缘鞋的使用	3	使用不规范　扣1~2分 不会使用　扣3分		
4	带电更换低压熔断器	11	防护用品选用不正确　扣11分 未悬挂“禁止合闸，有人工作！”标识牌　扣11分 未设监护人　扣11分 拆装熔断器顺序有误　扣11分		
合　计		20			

自我测试

1. 绝缘手套属于________安全用具。
2. “禁止合闸，有人工作”的标识牌应制作为________。
3. 简述带电更换低压熔断器的操作过程。

任务三　用万用表测量普通电阻、交流电压、直流电压

任务描述

使用指针式万用表测量交流电流、直流电流、交流电压、直流电压、电阻,并准确计数。

学习目标

一、知识目标

①指针式万用表的组成与结构原理。
②指针式万用表的使用方法。
③指针式万用表测量电流时的使用注意事项。
④数字式万用表的种类特点与结构原理。
⑤数字式万用表的使用。
⑥数字式万用表使用的注意事项。

二、技能目标

能正确使用万用表进行电阻、交流电压、直流电压的测量并正确读数。

知识准备

一、指针式万用表

1. 指针式万用表的组成和结构原理

万用表是一种多功能的便携式测量仪表,是机电设备进行电路检修、电子线路装配检修时最常用的工具之一。它能测量交流电流、直流电流、交流电压、直流电压、电阻,还可以判断电容器、二极管、晶体管等元器件的性能好坏。常用的万用表有指针式和数字式两种。

常用的指针式万用表有 MF47F、Si47、500 型等。万用表一般由测量线路、转换开关和测量机构三部分组成。下面以 MF47F 型万用表为例进行说明,其外形如图 1-3-1 所示。

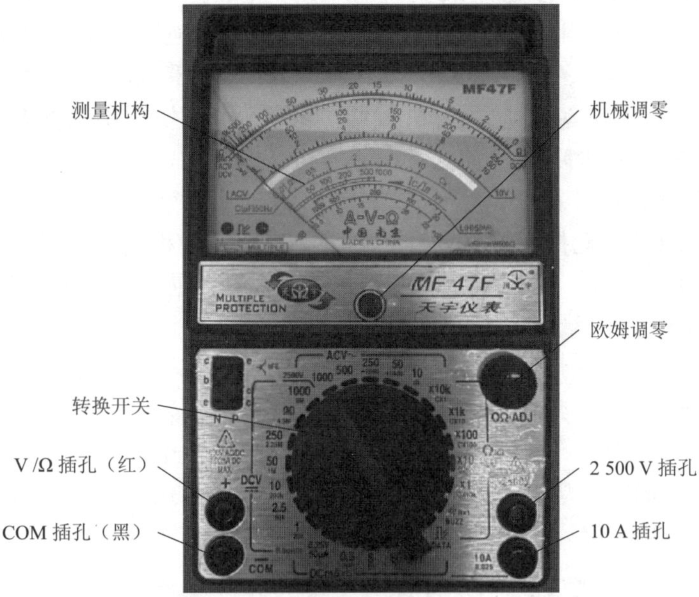

图 1-3-1　MF47F 型万用表外形结构

(1)测量线路

测量线路的作用是把各种不同的被测电量(如电流、电压、电阻等)转换为磁电系测量机构所能测量的微小直流电流(即过渡电量)。测量线路中使用的元器件主要包括分流电阻、分压电阻、整流元件、电容器等。万用表的功能越多,测量线路越复杂。万用表中的测量线路一般都直接焊接在转换开关上,这样既可以缩短接线长度,减小接线电阻的影响,同时又增强了仪表的牢固性。

(2)转换开关

转换开关的作用是把测量线路转换为所需要的测量种类和量程。万用表上的转换开关一般都采用多层、多刀、多掷开关。通过转换开关的旋钮来改变测量类型和测量量程。

(3)测量机构

万用表测量机构的作用是把过渡电量转换为仪表指针的机械偏转角。万用表的测量机构通常采用磁电系直流微安表,其满刻度电流为几微安到几百微安。满刻度电流越小的测量机构灵敏度越高,万用表的灵敏度通常用电压灵敏度来表示。

2. 指针式万用表的使用方法

通常应选用经检验合格的万用表。在测量前,应对万用表进行外观及内部功能检测,确认万用表外观无破损,表盘清晰无受潮,指针无弯曲,机械调零及欧姆调零旋钮均能正常使用,还需要检测万用表内所装电池容量充足;使用时应注意水平放置时,检查表头指针是否处于交直流挡标尺的零刻度线上,否则读数会有较大的误差。若不在零位,应通过机械调零的方法(即使用小螺丝刀或低压电笔调整表头下方机械调零旋钮)使指针回到零位。

(1)测量直流电流(DCA)

①选择量程:将选择开关旋至直流电流挡相应的量程进行测量。如果不知道被测电流的大致数值,可将选择开关旋至直流电流挡最高量程上预测,然后再旋至直流电流挡相应的量程上进行测量。

注意:不能带电换挡(测量过程中拨动量程选择开关),以免产生电弧,烧坏转换开关的触点;尽量使指针偏转到满刻度的 2/3 以上位置。

②插入表笔:测量范围为测量 50~500 mA 时,转动开关至所需的电流挡,将红表笔插入 mA 插孔内,黑表笔插入 COM 插孔内,如图 1-3-2 所示。测量 10 A 时,转动开关可放在 500 mA 直流电流挡上,将红表笔插入 10 A 插孔内。

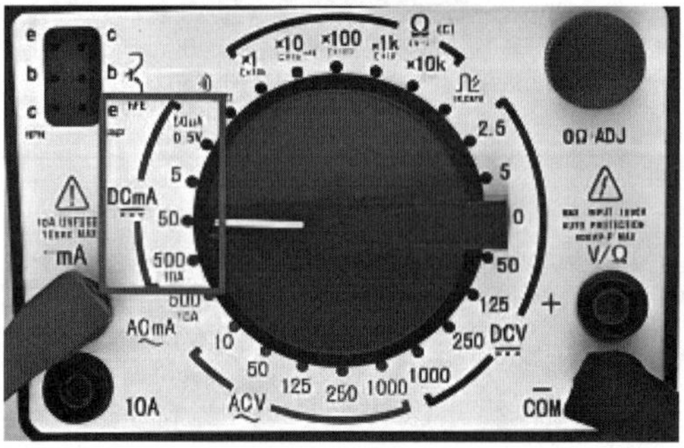

图 1-3-2　指针式万用表测量直流电流

③测量。指针式万用表串联在被测电路中时,应注意电流的方向,即把红表笔接电流流入的一端,黑表笔接电流流出的一端。如果不知道被测电流的方向,可以在电路的一端先接好一支表笔,另一支表笔在电路的另一端轻轻地碰一下。如果指针向右摆动,说明接线正确;如果指针向左摆动(低于零点),说明接线不正确,应把万用表的两支表笔调换位置。

④读数。读数时选择第二条刻度线 DCA(第二条刻度线有四组数字),根据所选择的量程来选择刻度读数。例如,量程为 50 mA,指针偏转位置如图 1-3-3 所示,选择第二条刻度第三组数字 0~50,因此,指针所在位置所指示的值为 37.2 mA。

注意:读数时,两眼与刻度线垂直,以防产生读数误差。

图 1-3-3　测量直流电流时的读数

(2)测量直流电压(DCV)

①选择量程:将选择开关旋至直流电压挡相应的量程进行测量,如图 1-3-4 所示。如果不知道被测电压的大致数值,需要将选择开关旋至直流电压挡最高量程上预测,然后再旋至直流电压挡相应的量程上进行测量。

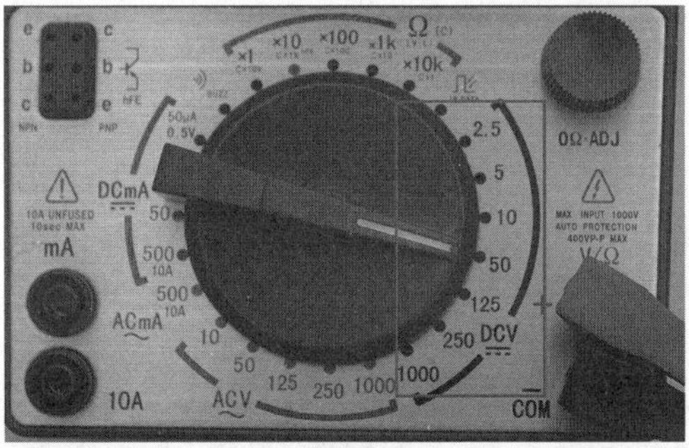

图 1-3-4　测量直流电压

②插入表笔:将红黑表笔分别插入“+”和 COM 插孔内,如图 1-3-4 所示。

③测量:将指针式万用表并联在被测电路上,在测量直流电压时,应注意被测电压的极性,即把红表笔接电压高的一端,黑表笔接电压低的一端。如果不知道被测电压的极性,可按前述测电流时的试探方法试一试,若指针向右偏转,则可以继续测量;若指针向左偏转,则把红、黑表笔调换位置方可测量。

④读数:读数时选择第二条刻度线(第二条刻度有四组数字),根据所选择的量程来选择刻度读数。例如,量程为 50 V,指针偏转位置如图 1-3-5 所示,指针所在位置所指示的值为 37 V。

注意:读数时,两眼与刻度线垂直,以防产生读数误差。

图 1-3-5　测量直流电压时的读数

(3)测量交流电压(ACV)

①选择量程:将选择开关旋至交流电压挡相应的量程进行测量,如图 1-3-6 所示。如果不知道被测电压的大致数值,需要将选择开关旋至交流电压挡最高量程上预测,然后再旋至交流电压挡相应的量程上进行测量。

②插入表笔:将红黑表笔分别插入“+”和 COM 插孔内,如图 1-3-6 所示。

图 1-3-6　测量交流电压

③测量:与直流电压测量方法一样,指针式万用表并联在被测电路上,但不必考虑被测电压的极性。

④读数:读数时选择第二条刻度线(第二条刻度有四组数字),根据所选择的量程来选择刻度读数。例如,量程为 250 V,指针偏转位置如图 1-3-7 所示,则所在位置的值为 125 V。

注意:测量 10 V 以下交流电压时,应使用交流 10 V 专用刻度读数。

(4)测量电阻(Ω)

①插入表笔:将红黑表笔分别插入“+”和 COM 插孔内,如图 1-3-8 所示。

图 1-3-7　测量交流电压时的读数

图 1-3-8　测量电阻

②选择量程:

● 试测:先粗略估计所测电阻阻值,再选择合适的量程,即倍率。MF47F 型万用表的电阻倍率挡有 $R\times1$、$R\times10$、$R\times100$、$R\times1k$、$R\times10k$ 五个挡位,如果被测电阻不能估计其值,一般情况将开关拔在 $R\times100$ 或 $R\times1k$ 的位置进行初测,然后看指针是否停在中线附近,如果是,说明挡位合适。如果指针太靠近零,则要减小挡位;如果指针太靠近无穷大,则要增大挡位。测量时,尽量使指针停在中间或附近位置。

● 欧姆调零:量程选定以后,在正式测量之前必须进行欧姆调零,否则测量值有误差。

方法:将红、黑两表笔短接,看指针是否指在零刻度位置。如果没有,调节欧姆调零旋钮,使其指在零刻度位置,欧姆调零方法如图 1-3-9 所示,欧姆调零后指针刻度如图 1-3-10 所示。

注意: 如果重新换挡以后,在正式测量之前也必须调零一次。

③测量:万用表两表笔并联在所测电阻两端进行测量。

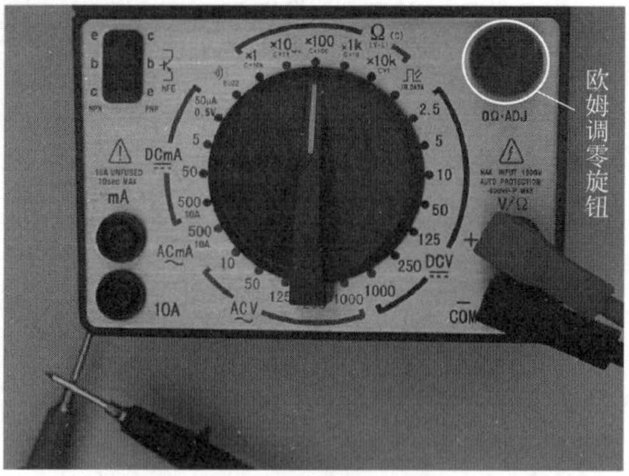

图 1-3-9　欧姆调零

图 1-3-10　欧姆调零指针位置

④读数:读数时选择第一条刻度线,即 Ω 刻度线。实际读数为

阻值=刻度值×所选倍率

此时刻度读数是 3. 8,倍率是 $R\times1\text{k}$。

$$R=3.8\ \Omega\times1\ \text{k}=3.8\ \text{k}\Omega$$

所以,该电阻阻值是 3. 8 kΩ,如图 1-3-11、图 1-3-12 所示。

3. 使用指针式万用表的注意事项

万用表是比较精密的仪器,如果使用不当,不仅造成测量不准确且极易损坏。但是,只要掌握万用表的使用方法和注意事项,万用表就能经久耐用。使用万用表时应注意如下事项:

①测量电流与电压不能旋错挡位。如果误用电阻挡或电流挡去测电压,就极易烧坏电表。万用表不用时,最好将挡位旋至交流电压最高挡,避免因使用不当而损坏。

图 1-3-11　测量电阻时的指示值

图 1-3-12　测量电阻时所选倍率

②测量直流电压和直流电流时,注意“+”“-”极性,不要接错。若发现指针反转,应立即调换表笔,以免损坏指针及表头。

③如果不知道被测电压或电流的大小,应先用最高挡,而后再选用合适的挡位来测试,以免表针偏转过度而损坏表头。所选用的挡位越靠近被测值,测量的数值就越准确;尽量使指针偏转到满刻度的 2/3 以上位置。

④测量电阻时,不要用手触及元件裸露的两端(或两支表笔的金属部分),以免人体电阻与被测电阻并联,使测量结果不准确。

⑤测量电阻时,若将两支表笔短接,调“零欧姆”旋钮至最大,指针仍然达不到零点,这种现象通常是由于表内电池电压不足造成的,应换上新电池方能准确测量。

⑥万用表不用时,不要旋在电阻挡,因为内有电池,若不小心易使两根表笔相碰短路,不仅耗费电池电量,严重时甚至会损坏表头。

二、数字式万用表

与指针式万用表相比,数字式万用表具有以下特点:准确度高,分辨率高,测量误差小;输入阻抗高,测量结果精确度高;自动判别极性,测量结果实现数字式,直接读取,显示清晰,抗过载能力强,便于携带,操作简单,价格便宜等。它除了具有指针式万用表的功能以外,还可以测量电容、频率、温度及半导体的一些参数。常用的数字式万用表有 VC890C、UT71E、FLUKE-17B 等。

数字式万用表主要由数字式电压基本表、测量线路、量程转换开关三部分组成。数字式电压基本表是数字式万用表的核心,它相当于指示类仪表的测量机构。测量线路的作用是将被测的各种电量和电参量转换为微小的直流电压,供数字式电压基本表显示数值。量程转换开关的作用是当其置于不同位置时,可接通不同的测量线路。

1. 数字式电压基本表

(1)数字式电压基本表的组成

数字式电压基本表的任务是用模/数转换器把被测的电压指针量转换成数字量,并送入计数器中,再通过译码器变换成笔段码(由于七段数码显示器是用 a~g 七个发光笔段组合起来构成十进制数的,因此,要求译码器将输入端的每一个四位二进制代码翻译成显示所要求的七段二进制代码,即“笔段码”),最终驱动显示器显示出相应的数值。数字式电压基本表的结构框图如图 1-3-13 所示,主要包括模拟和数字两部分。

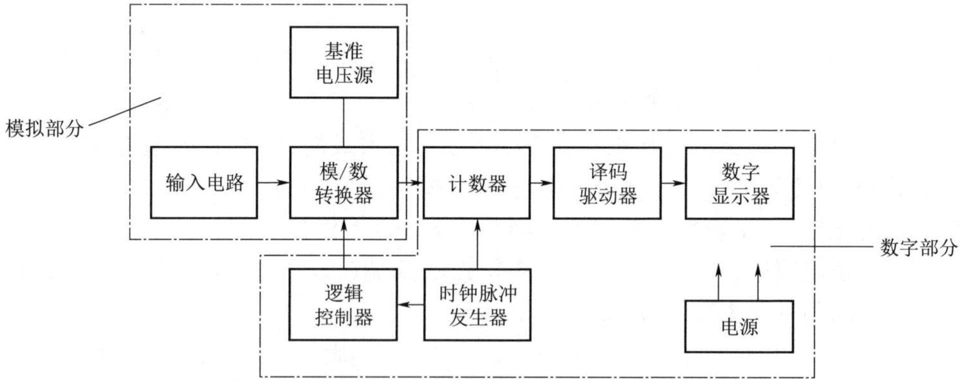

图 1-3-13　数字式电压基本表的结构框图

(2)A/D 转换器

为了对指针量(如电压)进行数字化测量,必须将被测的指针量转换成数字量,把完成这种转换的装置称为模数转换器,即 A/D 转换器。A/D 转换器是数字式电压基本表的核心,图 1-3-14 所示为 A/D 转换器引脚排列及外形图。

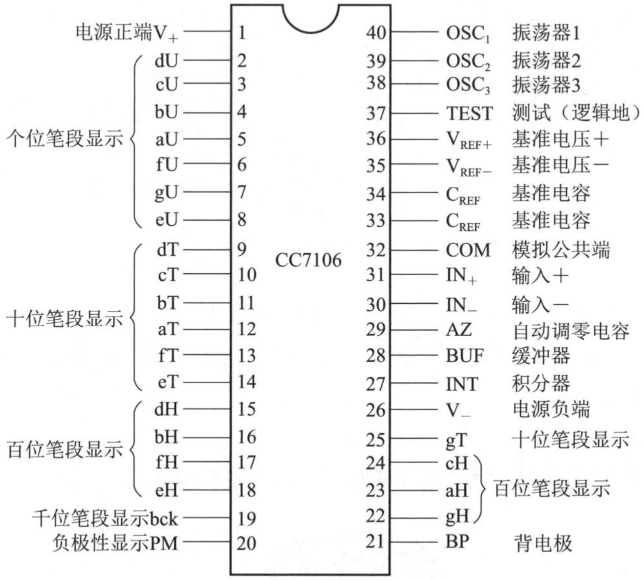

图 1-3-14　A/D 转换器引脚排列及外形图

(3)数码显示器

数字式仪表所用的显示器一般采用发光二极管式(LED)显示器和液晶(LCD)显示器,其结构如图 1-3-15 所示。

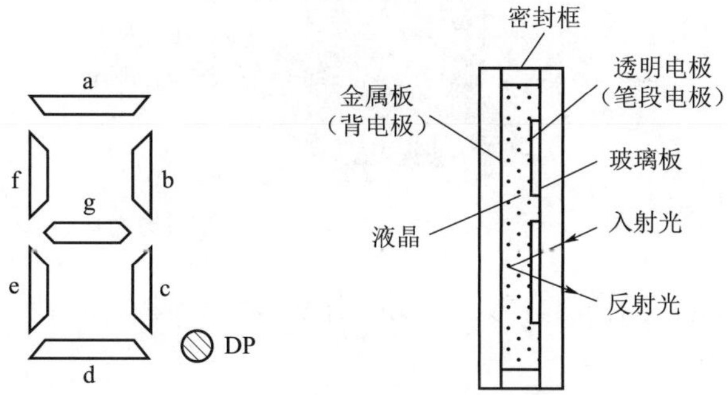

（a）发光二极管式显示器　　（b）液晶显示器

图 1-3-15　发光二极管和液晶显示器的结构

2. VC890C+数字式万用表

(1)工作原理

目前,国内外生产的数字式万用表型号不同,整机电路也各不相同,但其基本工作原理大同小异,如图 1-3-16 所示。

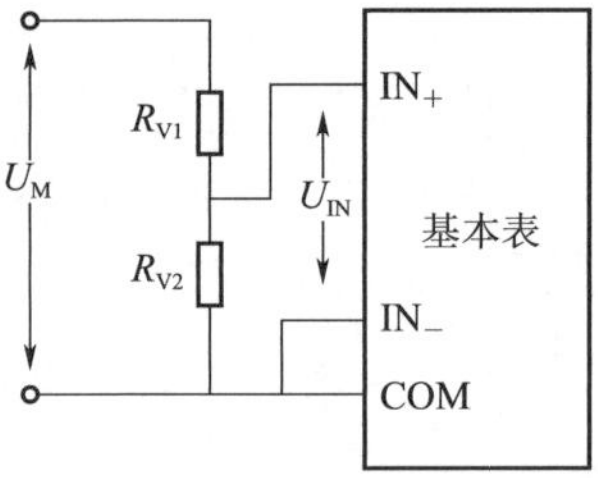

图 1-3-16　数字式直流电压表原理

VC890C+数字式万用表共有 27 个量程,工作温度为 0~40 ℃,采用 9 V 直流电池供电,能够测量交直流电压、电流、电阻值、电容值、二极管的导通压降、晶体管的放大倍数和温度。

(2)面板布局

VC890C+数字万用表的面板布局如图 1-3-17 所示。

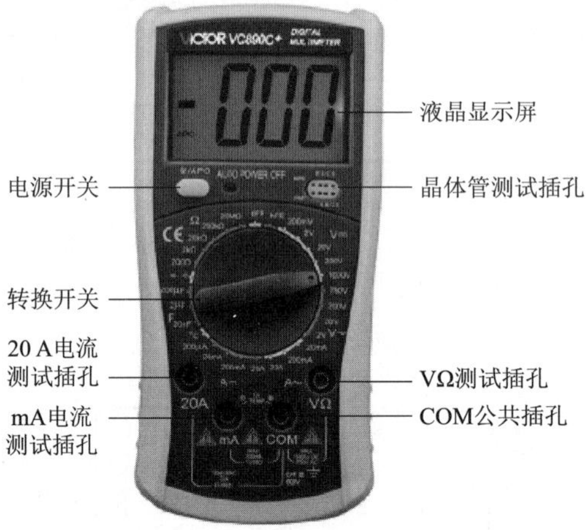

图 1-3-17　VC890C+数字式万用表面板布局

①液晶显示屏:采用 LCD 液晶显示,自动显示极性、小数点和低电压符号,最大显示值为 1 999。

②电源开关:AUTO POWER OFF 自动断电功能,当仪表停止使用 20 min 左右时,仪表自动进入休眠状态,耗电量大幅降低,延长了电池的使用寿命。

③转换开关:量程选择开关,用来选择不同的量程和测量类型。V 表示电压挡,A 表示电流挡,Ω 表示电阻挡,F 表示电容挡,hFE 是晶体管放大倍数测量挡。选择开关对应的每一个数值表示该挡位所能测得的最大值,超过最大值,就会显示 1。例如,Ω 挡测量范围为 200 Ω~20 MΩ,当选择开关指到 20 kΩ 挡时,表示只

能测量 20 kΩ 以内的电阻，超过 20 kΩ 就会显示 1。

④表笔插孔：数字式万用表一般下面有四个插孔，一般情况下，黑表笔插在 COM 孔，红表笔根据测量种类和测量范围分别插入 VΩ、mA、20 A 插孔中。此外，插孔之间还有一些提示性的数字，例如，VΩ 与 COM 孔之间所加直流电压不能超过 1 000 V，交流电压不能超过 750 V。mA 和 20 A 测量时都有熔断器保护等提示。数字式万用表红表笔接的是表内电池的正极，黑表笔接的是表内电池的负极，所以在测量电容、二极管等有极性的元件时，要注意表笔的极性。

3. 数字式万用表的使用

使用万用表进行测量，一般分为五个步骤：第一步，检查万用表外观、合格证、电池容量及红、黑表笔完好性；第二步，根据被测性质选择表笔插孔，确定红黑表笔接的位置；第三步，选择合适的挡位量程；第四步，读数；第五步，关闭仪表。测量完毕，将挡位拨到交流电压最大挡或者关闭仪表，并对仪表进行妥善保管。

(1)测量直流电压

①将黑表笔插入 COM 插孔，红表笔插入 VΩ 插孔。

②将量程开关转至相应的 DCV 量程上，然后将测试表笔跨接在被测电路上，红表笔所接的该点电压与极性显示在屏幕上。

注意：如果事先对被测电压范围无法估测，应将量程开关转到最高的挡位，然后根据显示值转至相应挡位上；如果屏幕显示“1”，表明已超过量程范围，须将量程开关转至较高挡位上。

③液晶显示屏上显示的数字就是被测电压值。如图 1-3-18 所示，选择的挡位为直流 20 V，显示的读数为 9. 85，则被测电压为 9. 85 V。需要指明的是，数字式万用表在读数时，挡位量程的单位就是读数的单位。例如，直流电压的挡位有 200 mV、2 V、20 V、200 V、1 000 V。如果选用的是 200 mV，则读数单位为 mV；如果选用的是 2 V、20 V、200 V、1 000 V 中的任一挡，则读数的单位都是 V。交流电流、电阻等其他量的测量读数方法与直流电压类似。

(2)测量交流电压

①将黑表笔插入 COM 插孔，红表笔插入 VΩ 插孔。

②将量程开关转至相应的 ACV 量程上，然后将测试表笔并联在被测电路上。

③液晶显示屏上显示的数字就是被测电压值。如图 1-3-19 所示，选择的挡位为交流 200 V，显示的读数为 36. 6，则被测电压为 36. 6 V。

(3)测量直流电流

①将黑表笔插入 COM 插孔，红表笔插入 mA 插孔(最大为 200 mA)，或红表笔插入 20 A 插孔(最大为 20 A)。

②将量程开关转至相应的 DCA 量程上，然后将仪表的表笔串联接入被测电路

中,被测电流值及红色表笔点的电流极性将同时显示在屏幕上。

图 1-3-18　测量直流电压　　　图 1-3-19　测量交流电压

③液晶显示屏上显示的数字就是被测电流值。如图 1-3-20 所示,选择的挡位为直流 20 mA,显示的读数为 1. 85,则被测电流为 1. 85 mA。

注意:如果事先对被测电流范围没有概念,应将量程开关转至较高的挡位,然后按显示值转至相应挡位上;若屏幕显示“1”,表明已超过量程范围,须将量程开关转至较高挡位上。

(4)测量交流电流

①将黑表笔插入 COM 插孔,红表笔插入 mA 插孔(最大为 200 mA),或红表笔插入 20 A 插孔(最大为 20 A)。

②将量程开关转至相应的 ACA 量程上,然后将仪表的表笔串联接入被测电路中。

③液晶显示屏上显示的数字就是被测电流值。如图 1-3-21 所示,选择的挡位为交流 200 mA,显示的读数为 5. 32,则被测电流为 5. 32 mA。

(5)测量电阻

①将黑表笔插入 COM 插孔,红表笔插入 VΩ 插孔。

②将量程开关转至相应的电阻量程上,然后将两表笔跨接在被测电阻上。

③液晶显示屏上显示的数字就是被测电阻值。如图 1-3-22 所示,选择的挡位为交流 20 kΩ,显示的读数为 5. 09,则被测电压为 5. 09 kΩ。

注意:如果电阻值超过所选的量程值,则会显示“1”,这时应将开关转至较高挡位上;当测量电阻值超过 1 MΩ 时,读数需要几秒才能稳定,这在测量高电阻时是正常的;当输入端开路时,则显示过载情形;测量在线电阻时,要确认被测电路所有电源已关断及所有电容都已全放电时,才可进行。

图 1-3-20　测量直流电流

图 1-3-21　测量交流电流

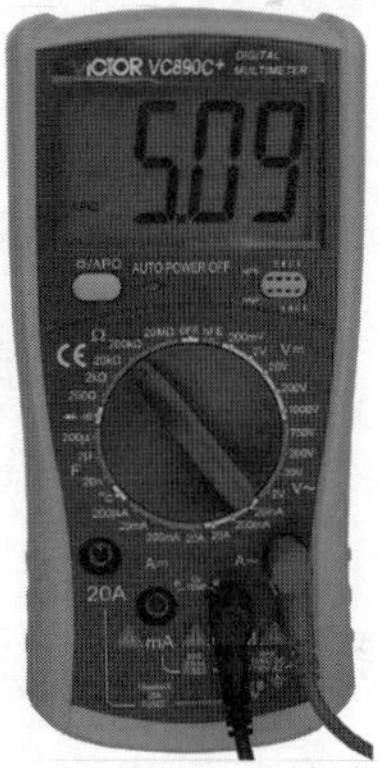

图 1-3-22　电阻的测量

4. 数字式万用表使用的注意事项

在使用万用表之前,要详细阅读说明书和注意事项,严格按照说明书的要求规范操作。

①在使用之前,要检查万用表的外观,看电池仓是否装好,外壳是否盖好或拧紧,电池电量是否充足。当电池仓或表外壳没有盖紧或松开时,切勿使用仪表。

②检查表笔,看是否有损坏的绝缘或裸露的金属,短接表笔检查表笔的通断性,在使用表笔时,要保持手指在表笔的挡板之后。

③不要在高湿、高温、易燃、易爆和强磁场的环境下存放或使用万用表。

④在测量交流 25 V、直流 36 V 以上电压时,要特别注意,因为此类电压会导致电击危险。

⑤不能在测量时切换量程,以免产生电弧,烧毁选择开关的触点。

⑥如果无法预先估计被测电压或电流的大小,应先拨至最高量程挡测量一次,再视情况逐渐把量程减小到合适位置。测量完毕,应将量程开关拨到最高电压挡,并关闭电源。

⑦满量程时,仪表仅在最高位显示数字“1”,其他位均消失,这时应选择更高的量程。

⑧测量电压时,应将数字式万用表与被测电路并联。测电流时应与被测电路串联,测直流量时不必考虑正负极性。

⑨当误用交流电压挡去测量直流电压,或者误用直流电压挡去测量交流电压时,显示屏将显示“000”,或低位上的数字出现跳动。

⑩当显示 LOWBAT(或 BATT)时,表示电池电压低于工作电压。

视频

指针式万用表的使用

任务实施

一、任务要求

①用指针式万用表测量电阻箱电阻并记录测量结果。

②用指针式万用表测量线路交流电压及直流电压并记录测量结果。

二、操作流程

1. 选择指针式万用表

根据测量电路选择指针式万用表,这里以 MF47F 型指针式万用表为例进行讲解。

2. 万用表使用前的检查

检查万用表外观是否清洁、无破损;是否有合格证及使用有效期合格证;检查表盘是否受潮、标尺是否清晰、指针是否弯曲;指针是否指零,如果指针不在零位,应利用螺丝刀或低压电笔进行机械调零,检查转换开关及欧姆调零旋钮可否正常使用;检查表笔绝缘是否有破损、表笔有无断线。

3. 使用万用表测量电阻箱电阻

测量电阻前,先将线路断电。若不知被测电阻范围,则将转换开关调至电阻最大挡位(×10k),若测量时,指针未指在标尺 1/2~2/3 处,且靠近“0”刻度,则需要将表笔从测量点拿下,调小一挡量程后再继续测量。

注意:一次只能调一挡,每换一次挡位必须做欧姆调零,以确保测量数据的准确性。

4. 使用万用表测量线路交流电压、直流电压

①测量交流电压:带电测量需要做好“两穿三戴”(穿长袖工服、绝缘鞋、戴安全帽、防护眼镜、低压绝缘手套),并设专人监护,站在绝缘垫上;测量时,若不知电压大小,则从交流电压最大挡位开始,再根据指针情况逐级换挡,直至指针指到刻度 1/2 位置附近,并记录测量结果。

②测量直流电压:带电测量需要做好“两穿三戴”(穿长袖工服、绝缘鞋、戴安全帽、防护眼镜、低压绝缘手套),并设专人监护,站在绝缘垫上;测量时,若不知电压大小,则从直流电压最大挡位开始,再根据指针情况逐级换挡,直至指针指到刻度 1/2 位置附近,并记录测量结果。

③读数:读数时,要看准刻度线 Ω 是电阻刻度,DCV 是直流电压读数刻度线,ACV 是交流电压读数刻度线。

④记录数据:将测量结果记录在表 1-3-1 中。

表 1-3-1　电阻、交流电压、直流电压测量结果记录表

被测量	所选挡位	测量结果
电阻		
交流电压		
直流电压		

⑤测量完毕把量程开关调到 OFF 位置或者调到交流电压最大挡。

三、检查评价

对任务的实施完成情况进行评分,评分标准见表 1-3-2。

表 1-3-2　评分标准

序号	考评内容	配分	扣分原因	扣分	得分
1	选用合适的电工仪表	4	口述作用不正确扣　扣 1~4 分		
2	万用表检查	4	检查不规范　扣 1~4 分 不会检查　扣 4 分		
3	正确使用万用表	10	操作不规范　扣 2~10 分 操作不安全　扣 10 分		
4	读数	2	不会读数或者读数不准确　扣 2 分		
5	否定项		无法正确选择合适的仪表或违反安全操作规范导致自身或仪表处于不安全状态　扣 20 分		
合计		20			

自我测试

1. 使用万用表测量电阻时,被测设备或线路应＿＿＿＿＿＿＿＿＿＿。
2. 指针式万用表可用于测量＿＿＿＿,交、直流电压,＿＿＿＿电流。
3. 指针式万用表使用前应做哪些检查?

任务四　用钳形电流表测量电动机的空载电流

任务描述

电动机在三相电流不平衡时,不能带负载运行。由于三相不平衡,电流较大

的相会发热,使电动机相间绝缘强度和电动机性能下降,因此带负载前,确定三相异步电动机三相电流是否平衡至关重要。用钳形电流表测量三相交流异步电动机的空载电流,并判断该电动机的空载电流是否平衡。

学习目标

一、知识目标

①掌握钳形电流表的特点、结构及原理。
②掌握钳形电流表的使用注意事项。

二、技能目标

①规范使用钳形电流表测量三相交流异步电动机的空载电流。
②判断三相交流异步电动机空载电流是否平衡。

知识准备

要测量电路中的电流,首先应当切断被测电路,再将电流表串联接入被测电路后才能进行。那么,有没有不用切断电路就能测量电路中电流的仪表呢?下面介绍的钳形电流表的最大优点就是能在不停电的情况下测量设备或电路的电流。用钳形电流表可以在不切断电路的情况下,测量运行中的交流电动机的工作电流,从而使人们很方便地了解其工作状况。

实际中使用的钳形电流表按显示形式主要分为指针式和数字式两大类,如图 1-4-1、图 1-4-2 所示。指针式钳形电流表按照用途分为两种:专门测量交流电流的互感式钳形电流表、可以交直流两用的电磁系钳形电流表。

互感式钳形电流表的工作部分主要由一只电磁式电流表和穿心式电流互感器组成,如图 1-4-3 所示。穿心式电流互感器铁芯制成活动开口,且成钳形,故名钳形电流表。

互感式钳形电流表是利用变压器的工作原理做成的。一次绕组就是穿过钳形铁芯的导线,相当于 1 匝的变压器的一次线圈;二次绕组与电流表相接,因二次绕组匝数多,这是一个升压变压器。电流互感器的铁芯呈钳口形,当握紧钳形电流表的把手时,其铁芯张开,将通有被测电流的导线放入钳口中。松开把手后铁芯闭合,通有被测电流的导线相当于电流互感器的一次绕组,于是在二次绕组中就会产生感应电流,并送入电流表进行测量。电流表的标度尺一般是直接按一次绕组电流刻度的,所以仪表的读数就是被测导线中的电流值。

图 1-4-1　指针式钳形电流表

图 1-4-2　数字式钳形电流表

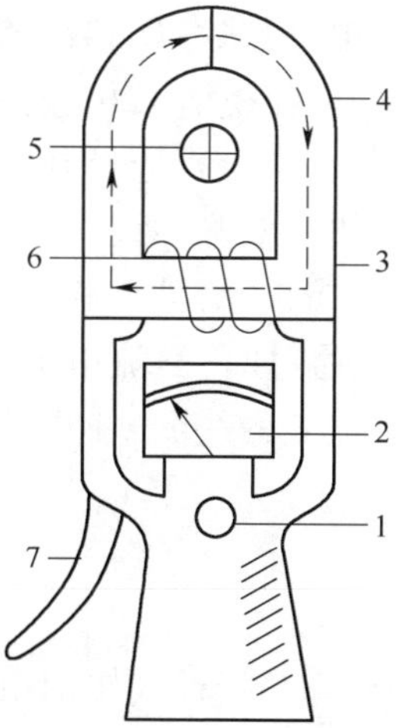

1—量程转换开关；2—电磁式电流表；3—铁芯；
4—穿心式电流互感器；5—被测导体；6—二次绕组；7—把手。

图 1-4-3　互感式钳形电流表示意图

一、指针式钳形电流表

1. 互感式钳形电流表

互感器式钳形电流表只能测量交流电流，T301、T302、MG24 等型号的钳形电流表都属于此类仪表。

2. 电磁系钳形电流表

电磁系钳形电流表主要由电磁系测量机构组成,如图 1-4-4 所示。处在铁芯钳口处的导线相当于电磁系测量机构中的线圈。当被测电流通过导线时,会在铁芯中产生磁场,使可动铁片磁化,产生电磁推力,带动仪表指针偏转,指示出被测电流的大小。由于电磁系仪表可动部分的偏转方向与电流方向无关,因此它可以交直流两用。特别是在测量运行中的绕线式异步电动机的转子电流时,因为转子电流的频率很低,用互感式钳形电流表无法测量其准确数值,这时只能采用电磁系钳形电流表。MG20、MG21 型钳形电流表就属于交直流两用的电磁系钳形电流表。

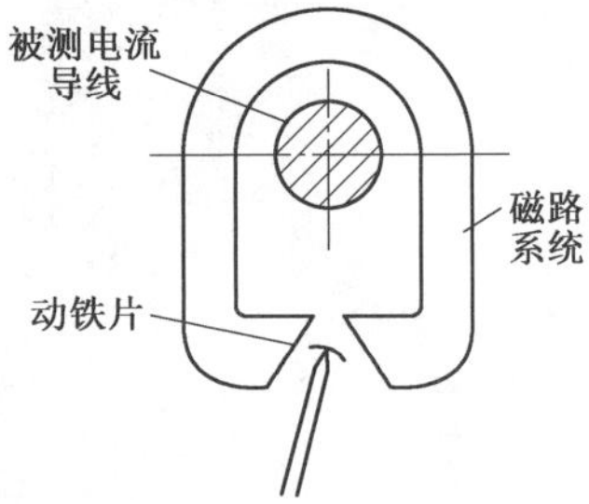

图 1-4-4　电磁系钳形电流表工作原理

钳形电流表用于测量大电流,如果电流不够大,可以将一次绕组导线再通过钳形表增加圈数,同时将测得的电流数除以圈数。钳形电流表的穿心式电流互感器的二次绕组缠绕在铁芯上且与交流电流表相连,它的一次绕组即为穿过互感器中心的被测导线。旋钮实际上是一个量程选择开关,把手的作用是开合穿心式互感器铁芯的可动部分,以便使其钳入被测导线。

测量电流时,按动把手,打开钳口,将被测载流导线置于穿心式电流互感器的中间,当被测导线中有交变电流通过时,交流电流的磁通在互感器二次绕组中感应出电流,该电流通过电磁式电流表的线圈,使指针发生偏转,在表盘标度尺上指出被测电流值。

二、数字式钳形电流表

数字式钳形电流表的工作原理与指针式钳形电流表类似,只是表头换成了一个数字式电压表。被测电流 I 在钳形铁芯中产生一个磁通 Φ,此磁通 Φ 在二次绕组输出端产生一个电压 V,通过放大器进行放大后,驱动数字电压表产生数字显示。通过加装其他电路,数字式钳形电流表还可用来测量直流电压、交流电压、直流电流、交流电流、电阻、电容、频率等参数,以及二极管的通断。

三、钳形电流表的使用

钳形电流表的准确度不高,一般为 2.5 级以下。但它能在不切断电路的情况下测量电路中的电流,使用很方便,因此在实际生产中应用广泛。在使用钳形电流表时要注意以下几点:

1. 型号选择

根据被测电流的种类、电压等级正确选择钳形电流表，被测电路的电压要低于钳形电流表的额定电压。测量高压电路的电流时，应选用与其电压等级相符的高压钳形电流表。低电压等级的钳形电流表只能测低压系统中的电流，不能测量高压系统中的电流。

2. 安全检查

在使用前要正确检查钳形电流表的外观情况，一定要检查表的绝缘性能是否良好，外壳应无破损，手柄应清洁干燥。若指针没在零位，应进行机械调零。钳形电流表的钳口应紧密接合，如果测量时指针抖晃，可重新开闭一次钳口；如果抖晃仍然存在，应仔细检查，注意清除钳口杂物、污垢，然后进行测量。

3. 量程选择

测量前先估计被测电流的大小，选择合适的量程。如果无法估计被测电流的大小，则应从最大量程开始，逐步换成合适的量程。严禁在测量进行过程中切换钳形电流表的挡位，换挡时应先将被测导线从钳口退出再更换挡位。

当测量小于 5 A 以下的电流时，为使读数更准确，在条件允许时，可将被测载流导线绕数圈后放入钳口测量。此时，被测导线实际电流值应等于仪表读数值除以放入钳口的导线圈数。数字式钳形电流表在测量时不需要将导线绕圈，直接读取表盘上显示的数值即可。

4. 正确使用

使用时应按紧把手，使钳口张开，将被测导线垂直放入钳口中央，然后松开扳手并使钳口紧密闭合，如图 1-4-5(a)所示，且不要将两根导线同时放入钳口，如图 1-4-5(b)所示，以避免增大误差。

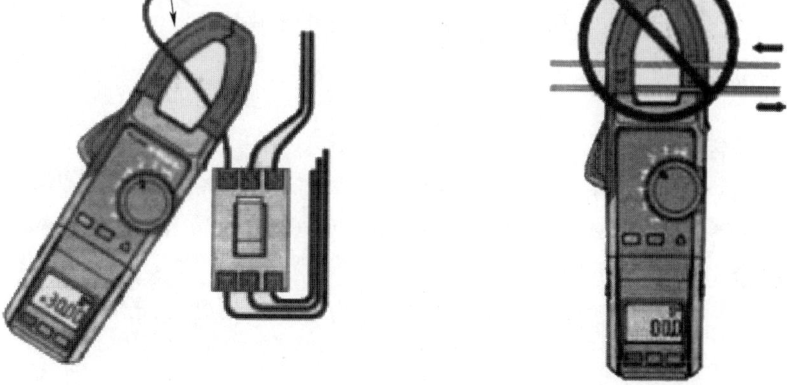

(a)正确　　(b)错误

图 1-4-5　钳形电流表的测量方法

钳口要结合紧密,以使读数准确。若发现测量时有噪声出现,应检查钳口结合处是否有污垢存在。

图 1-4-6 带绝缘手套测量电流

当被测电压超过 36 V(安全电压)时,测量过程中应戴绝缘手套,如图 1-4-6 所示。用高压钳形电流表测量时,应由两人操作,还应站在绝缘垫上,不得触及其他设备,以防止短路或接地。

测量时应注意身体各部分与带电体保持安全距离,低压系统安全距离为 0.1~0.3 m。测量高压电缆各相电流时,电缆头线间距离应在 300 mm 以上,且绝缘良好,方能进行测量。表盘读数时,要特别注意保持头部与带电部分的安全距离,人体任何部分与带电体的距离不得小于钳形电流表的整个长度。

钳形电流表不能测量裸导体的电流。测量低压熔断器或水平排列低压母线电流时,应在测量前将各相熔断器的熔丝或母线用绝缘材料加以保护隔离,以免引起短路。电缆有一相接地时,严禁测量,防止出现因电缆头的绝缘水平低而发生对地击穿爆炸而危及人身安全。

视频

低压钳形电流表的使用

任务实施

一、任务要求

①用指针式钳形电流表测量 4.5 kW 三相交流异步电动机的空载电流。

②判断该电动机三相空载电流是否平衡。

二、操作流程

1. 选择钳形电流表

根据被测量设备的电压等级来选择钳形电流表,任务中要求测量三相交流异步电动机空载电流,选择低压钳形电流表 MG20 型号。

2. 检查电动机转动

电动机空载运行,需要进行 1 h 以上,并检查电动机转动时,是否有杂音、振动以及温升是否超标。

3. 钳形电流表使用前的检查

检查钳形电流表外观是否清洁、无破损;钳口闭合密封、无锈蚀;把手运动灵活;指针是否指零,若指针不在零位,应利用螺丝刀或低压电笔进行机械调零。

4. 使用钳形电流表测量三相异步电动机空载电流

①选择量程:带测量的三相交流异步电动机额定功率为 4.5 kW,可以估算额定电流为 9 A,电动机空载电流大约是额定电流的 25%,约为 2.25 A,因此,钳形电流表的量程选 5 A 挡。

②测量:将导线处于钳口正中位置并垂直,钳口应完全密封,若有“嗡嗡”声,可重开合几次使钳口密封并进行消磁,测量时应测三相,每次测量一相,并将测量结果进行记录。

③读数:选择 5 A 量程,指针指示数即是测量电流数。

④记录数据及结果判断:将测量结果记录在表 1-4-1 中,用钳形电流表分别测量三相的空载电流。如果每相空载电流大小与三相空载电流平均值的偏差不超过 5%,则说明电动机三相空载平衡。

表 1-4-1　三相异步电动机空载电流记录表

被　测　相	空载电流大小	空载电流平均值
U		
V		
W		
三相空载电流是否平衡		

⑤测量完毕把量程开关调到 OFF 位置。

三、检查评价

对任务的实施完成情况进行评分,评分标准见表 1-4-2。

表 1-4-2　评分标准

序号	考 评 内 容	配分	扣 分 原 因	扣分	得分
1	选用合适的电工仪表	4	口述作用不正确　扣 1~4 分		
2	钳形电流表检查	4	检查不规范　扣 1~4 分 不会检查　扣 4 分		
3	正确使用钳形电流表	10	操作不规范　扣 2~10 分 操作不安全　扣 10 分		

续上表

序号	考评内容	配分	扣分原因	扣分	得分
4	对测量结果进行判断	2	不会读数或者读数不准确　　扣2分		
5	否定项	无法正确选择合适的仪表或违反安全操作规范导致自身或仪表处于不安全状态　　扣20分			
合　　计		20			

自我测试

1. 钳形电流表使用时应先选用较大量程,然后再视被测电流的大小变换量程,切换量程时应____________。

2. 钳形电流表由电流互感器和带____________的磁电式表头组成。

3. 有时候钳形电流表测量电流前,要把钳口开合几次,目的是____________。

4. 钳形电流表使用前应做哪些检查?

任务五　用兆欧表测量电动机的绝缘电阻

任务描述

电动机绕组对铁芯、外壳以及各绕组之间都是绝缘的,但这种绝缘是相对的。绝缘电阻就是反映在一定直流电压作用下泄漏电流的大小,泄漏电流越大,绝缘电阻越低,长期未运行、新投入或大修后的电动机和变压器在投入运行前,应该做绝缘检查,以保证人身与设备的安全。用兆欧表(也称绝缘电阻表)测量三相异步电动机绕组间及对地的绝缘电阻,记录测量数据并判断绝缘电阻是否合格。

学习目标

一、知识目标

①掌握兆欧表的结构及工作原理。

②掌握兆欧表的使用注意事项。

二、技能目标

①使用模拟式兆欧表测量三相异步电动机绕组间及对地的绝缘电阻。
②使用数字式兆欧表测量三相异步电动机绕组间及对地的绝缘电阻。
③判断三相异步电动机绕组及对地的绝缘电阻是否合格。

知识准备

在实际工作中,要测量电气设备绝缘性能的好坏,往往需要测量它的绝缘电阻。电气设备绝缘性能的好坏,关系到电气设备的正常运行和操作人员的人身安全。为了防止绝缘材料由于发热、受潮、污染、老化等原因所造成的损坏,便于检查修复后的设备绝缘性能是否达到规定的要求,需要经常测量其绝缘电阻。

为什么绝缘电阻不能用万用表的欧姆挡测量?因为绝缘电阻的阻值比较大(几十兆欧以上),万用表在测量电阻时的电源电压很低(9 V 以下),在低电压下呈现的电阻值,并不能反映出在高电压作用下的绝缘电阻的真正数值,因此,绝缘电阻须用备有高压电源的兆欧表进行测量。

兆欧表是专门用来检测电气设备、供电电路绝缘电阻的一种便携式仪表,其结构如图 1-5-1 所示。图 1-5-2 所示为常用低压兆欧表。

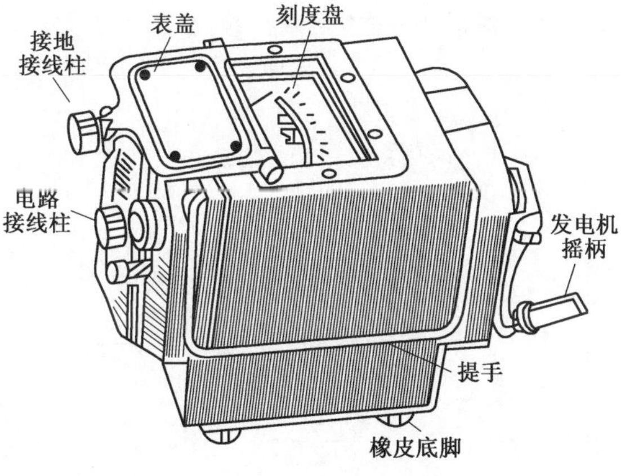

图 1-5-1　兆欧表结构

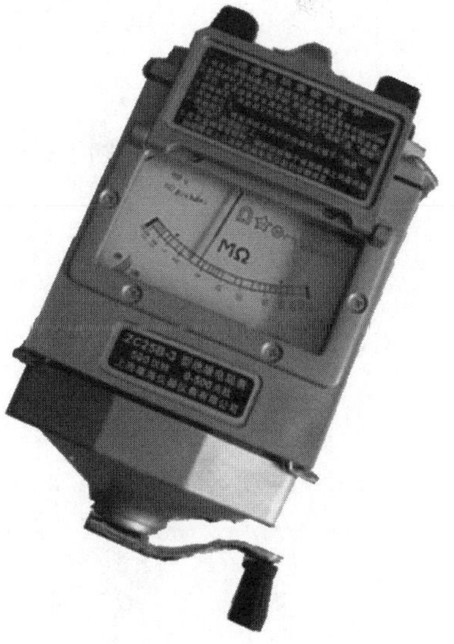

图 1-5-2　常用低压兆欧表

一、兆欧表的结构

一般的兆欧表主要是由手摇发电机、比率型磁电系测量机构以及测量电路等组成。图 1-5-3 所示为比率型磁电系测量机构示意图。

比率型磁电系测量机构的可动部分装有两个可动线圈,一个产生转动力矩,另一个产生反作用力矩。两个可动线圈固定装在同一个转轴上,在转轴上还装有无力矩盘形导流游丝,电路中的电流通过导流游丝,引入可动线圈。

其固定部分是由永久磁铁、极掌、铁芯等部件组成。为了使转矩和偏转角有关,必须使空气隙内的磁场分布不均匀。图 1-5-3(a)所示为铁芯带缺口的结构。图 1-5-3(b)所示为椭圆形铁芯结构。当可动线圈在磁场中转动时,一个线圈的力矩是随偏转角 α 增大,另一个线圈的力矩增大的斜率比第一个小,如图 1-5-4 所示。由于两个线圈绕向相反而力矩相反,当两个力矩平衡时,指针静止。

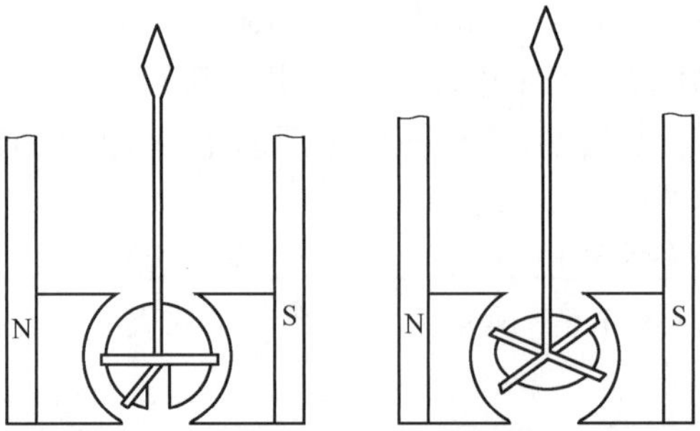

(a) 铁芯带缺口的结构　　(b) 椭圆形铁芯结构

图 1-5-3　比率型磁电系测量机构示意图

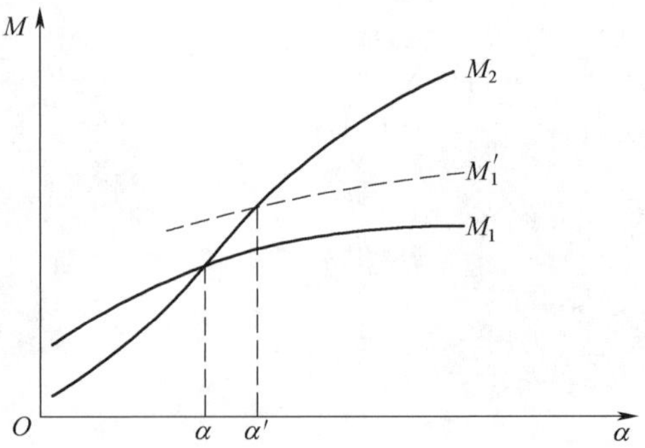

图 1-5-4　兆欧表测量机构的力矩与偏转角的关系

二、兆欧表的工作原理

手摇式兆欧表的工作原理电路图如图 1-5-5 所示。图中 G 为手摇发电机，发电机组件由摇柄、防逆转系统、传动齿轮、离心式摩擦调速系统、发电机等组成；电路系统由倍压整流电路及测量装置磁电式双动圈流比计组成，仪表的指针固定在双动圈上。

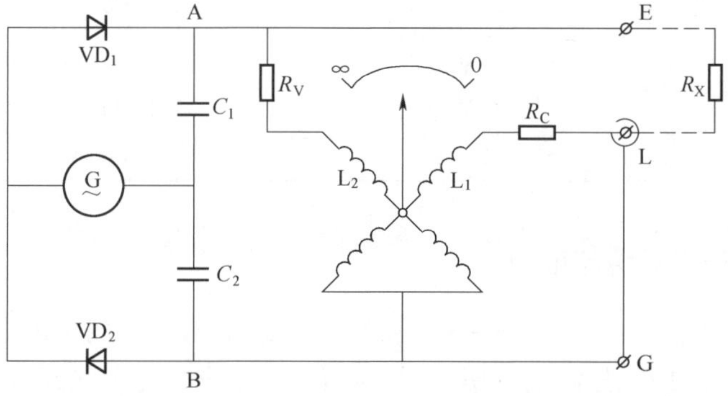

图 1-5-5　手摇式兆欧表工作原理电路图

仪表的 3 个接线柱分别是：电路端 L、接地端 E、屏蔽端 G。其工作原理如下：

顺时针摇动兆欧表手柄时，手柄使棘轮、齿轮、离心摩擦调速等机构转动，并带动发电机转子以 5 倍于手柄的转速旋转，定子线圈输出交流电压。棘轮系统是防止转子逆转，离心摩擦调速系统防止转子超速。手柄以额定转速转动时，定子线圈将输出的交流电压，经二极管 VD_1、VD_2，电容 C_1、C_2 倍压整流后，在 A、B 两端输出直流高压。

三、兆欧表的选用

选用兆欧表时，其额定电压一定要与被测电气设备或电路的工作电压相适应。此外，兆欧表的测量范围也应与被测绝缘电阻的范围相吻合。

例如，测量高压设备的绝缘电阻，须选用电压高的兆欧表。例如，瓷瓶的绝缘电阻一般在 10^4 MΩ 以上，至少需用 2 500 V 以上的兆欧表才能测量，否则测量结果不能反映工作电压下的绝缘电阻。同样，不能用电压过高的兆欧表测量低电压电气设备的绝缘电阻，以免设备的绝缘受到损坏。表 1-5-1 所示为不同额定电压兆欧表的使用范围。

表 1-5-1　不同额定电压兆欧表的使用范围

被测对象	被测设备的额定电压	兆欧表的额定电压/V
绕组绝缘电阻	500 V 以下 500 V 以上	500 1 000
电力变压器绝缘电阻、电动机绕组绝缘电阻	500 V 以上	1 000~2 500
发动机绕组绝缘电阻	500 V 以下	1 000
电气设备绝缘电阻	500 V 以下 500 V 以上	500~1 000 2 500
瓷绝缘子	—	2 500~5 000

四、兆欧表的使用与维护

使用兆欧表测量设备的绝缘电阻时,须在设备不带电的情况下才能进行测量。为此,测量之前须先将电源切断,并对被测设备进行充分的放电。

兆欧表在使用前须进行检查。其检查方法如下:将兆欧表平稳放置,L、E 两个端钮开路,摇动手摇发电机的手柄,使发电机的转速达到额定转速。这时的指针应该指在标尺的“∞”刻度处;然后再将 L、E 短接,须缓慢摇动手柄,指针应指在“0”位上(要注意必须缓慢摇动,以免电流过大烧坏线圈)。如果指针不指在“∞”或“0”的刻度线上,必须对兆欧表进行检修后才能使用。兆欧表的接线柱有 3 个,分别标有:L(线)、E(地)和 G(屏)。在进行一般测量时,将被测绝缘电阻接在 L 和 E 间;在测量电路绝缘电阻时,将被测端接到 L 接线柱,而 E 接线柱接地。

接线时,应选用单股导线分别单独连接 L 和 E,不可用双股导线或绞线,因为线间的绝缘电阻会影响测量结果。如果绝缘电阻的表面不清洁或潮湿,为了测量绝缘电阻内部的电阻值(即体积电阻),则必须使用 G 接线柱。

绝缘电阻的表面漏电流,沿绝缘电阻的表面,经 G 接线柱,而不经过动圈流回电源的负极。体积电流通过绝缘电阻的内部,经 L 接线柱以及动圈流回电源的负极。所以,兆欧表的测量结果只能反映被测绝缘电阻内部情况,即体积电阻。

测量电解电容器的介质绝缘电阻时,按电容器耐压的高低选用兆欧表。要注意兆欧表上的正负极性。正极接 L,负极接 E,不可反接,否则会使电容器击穿。而测量其他电容器的介质绝缘电阻时,可不考虑这一点。

测量绝缘电阻时,发电机的手柄应由慢渐快地摇动。若发现指针指零,说明被测绝缘物有短路现象,这时不能继续摇动,以防表内的动圈因发热而损坏。摇动手摇发电机手柄，要切忌忽快忽慢，以免指针摆动加大引起误差。一般为120 r/min，但可以在±20%的范围内变化。

当兆欧表没有停止转动和被测物没有放电之前，不可用手去触及被测物的测量部分，或进行拆除导线的工作。在测量具有大电容设备的绝缘电阻之后，必须先将被测物对地放电，然后再停止兆欧表发电机手柄的转动。这主要是为了防止电容器放电，而损坏兆欧表。

任务实施

视频

兆欧表的使用

一、任务要求

①用兆欧表测量4.5 kW三相交流异步电动机的绝缘电阻。

②判断该电动机绝缘性能是否良好。

二、操作流程

1. 选择兆欧表

根据被测电气设备的额定电压选择兆欧表的工作电压等级。如果兆欧表工作电压低，则不能准确检测电气设备的安全性能；如果采用过高工作电压的兆欧表，则有使被测电气设备绝缘击穿的可能。通常，选择兆欧表的原则如下：

①额定电压在500 V以下的电气设备，选用规格为500 V的兆欧表。

②额定电压在500~3 000 V的电气设备，选用规格为1 000 V的兆欧表。

③额定电压在3 000 V以上的电气设备，选用规格为2 500 V的兆欧表。

2. 兆欧表使用前的检查

①外观检查：接线端子应完好无损，表盘刻度清晰，指针正常无扭曲，平放时表针应偏向“∞”一侧，水平方向摆动时指针随之摆动无障碍。

②进行开路检查和短路检查：将兆欧表水平放置，在未接引线或L、E两端子的引线处于开路状态下，摇动手摇发电机的手柄，达到额定转速（约120 r/min）后，指针应指在“∞”上；然后在表停转的情况下，将L与E两端子的引线短接，缓慢摇动手摇发电机的手柄，如果表针指在“0”位，表示兆欧表正常。

3. 拉闸断电

停运电动机，摘下运行牌，挂上停运牌。

4. 打开接线盒，拆卸连接片和电源引线

①对称拆卸电动机接线盒连接螺母，打开接线盒。

②用试电笔测试电动机三相绕组是否带电。如果带电，用绝缘导线进行充分放电（需要2~3 min）。

③检查电动机三相电接法,拆连接片和电源引线。

5. 确定测量点

①确定绕组 3 个首端 D1、D2、D3(或 3 个尾端 D4、D5、D6)作为绕组间绝缘电阻测量点。

②确定绕组 3 个首端 D1、D2、D3(或 3 个尾端 D4、D5、D6)与电动机接地端(或机壳)作为绕组对地绝缘电阻测量点。

③用细砂纸擦除测量点处的铁锈,用棉纱布擦净测量点。

6. 测量电动机绕组间的绝缘电阻

(1) 测量绕组 1 和绕组 2 之间的绝缘电阻

①把兆欧表红色测量引线的一端连接到兆欧表的 L 端子,另一端连接到电动机绕组 1 的首端 D1(或尾端);把黑色测量引线的一端连接到兆欧表的接地 E 端钮,另一端连接到电动机绕组 2 的首端 D2(或尾端),如图 1-5-6 所示。

图 1-5-6　测量绕组 1、绕组 2 之间的绝缘电阻

②在远离磁场的地点,水平放置兆欧表,一手按住表壳,保持表身不抖动,另一手顺时针摇动手摇发电机的手柄到额定转速(约 120 r/min),待指针不再转动(时间为 1 min 左右)时读出的数值,就是绝缘电阻值。记录测出的绝缘电阻值。如果指针指“0”位,表明被测绕组绝缘损坏,应停止摇动,否则会损坏兆欧表。

③测完绕组 1 和绕组 2 之间的绝缘电阻后,应将被测绕组 1 和绕组 2 对地进行放电。放电的具体方法是,把测量时使用的测量引线从兆欧表的 L 端钮和 E 端钮上取下来,分别短接一下电动机接地端(或机壳)即可。

(2)测量绕组 1 和绕组 3 之间的绝缘电阻

用测量绕组 1 和绕组 2 之间绝缘电阻的方法,测量绕组 1 和绕组 3 之间的绝缘电阻。(见图 1-5-7),并做好记录。然后,将被测绕组 1 和绕组 3 对地进行放电。放电方法同绕组 1 对地放电法。

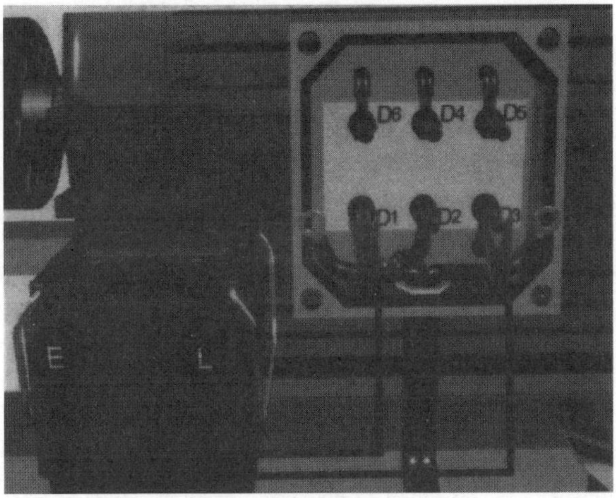

图 1-5-7　测量绕组 1、绕组 3 之间的电阻

(3)测量绕组 2 和绕组 3 之间的绝缘电阻

用测量绕组 1 和绕组 2 之间绝缘电阻的方法,测量绕组 2 和绕组 3 之间的绝缘电阻(见图 1-5-8),并做好记录。然后,将被测绕组 2 和绕组 3 对地进行放电。放电方法同绕组 1 对地放电法。

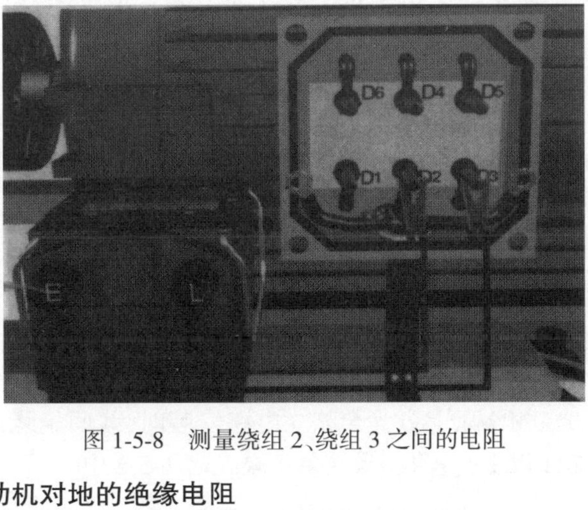

图 1-5-8　测量绕组 2、绕组 3 之间的电阻

7. 测量电动机对地的绝缘电阻

(1) 测量绕组 1 的对地绝缘电阻

①把兆欧表的红色测量引线的一端连接到兆欧表的 L 端钮,另一端连接到电动机绕组 1 的首端 D1(或尾端);把黑色测量引线的一端连接到兆欧表的接地 E 端钮,另一端连接到电动机接地端(或机壳),如图 1-5-9 所示。

图 1-5-9　测量绕组 1 的对地绝缘电阻

②在远离磁场的地点,水平放置兆欧表,一手按住表壳,保持表身不抖动,另一手顺时针摇动手摇发电机的手柄到额定转速(约 120 r/min),待指针不再转动(时间为 1 min 左右)时读出的数值,就是绝缘电阻值。记录测出的绝缘电阻值。如果指针指“0”位,表明被测绕组绝缘损坏,应停止摇动,否则会损坏兆欧表。

③测完绕组 1 的对地绝缘电阻后,应将被测绕组 1 对地进行放电。放电的具体方法是,把测量时使用的黑色测量引线从兆欧表上取下来,短接一下 D1 端子即可。

(2) 测量绕组 2 的对地绝缘电阻

用测量绕组 1 对地绝缘电阻的方法,测量绕组 2 的对地绝缘电阻并做好记录。然后,将被测绕组 2 对地进行放电,并做好记录。

(3) 测量绕组 3 的对地绝缘电阻

用测量绕组 1 对地绝缘电阻的方法,测量绕组 3 的对地绝缘电阻,并做好记录。然后,将被测绕组 3 对地进行放电,同绕组 1 对地放电方法。

8. 记录数据及结果判断

用兆欧表分别测量三相异步电动机相与相及相与地的绝缘电阻,电动机的绝缘电阻值应大于 0.5 MΩ 以上方为合格(电路安装时,线间绝缘或线与地之间的绝缘必须在 0.5 MΩ 以上)。将测量结果记录在表 1-5-2 中。

表 1-5-2　三相异步电动机绝缘电阻记录表

被测相	绝缘电阻大小	是否合格
U-V		
U-W		

续上表

被测相	绝缘电阻大小	是否合格
V-W		
U-地		
V-地		
W-地		
判断三相异步电动机是否合格		

9. 测后恢复

按拆卸的相反顺序安装连接片、电源引线和接线盒盖，对称上紧连接螺母。检查无误后，摘下停运牌。

清洁和回收工具、用具，清理现场。

三、检查评价

对任务的实施完成情况进行评分，评分标准见表 1-5-3。

表 1-5-3　评分标准

序号	考评内容	配分	扣分原因	扣分	得分
1	选用合适的电工仪表	4	选用不正确　扣 1~4 分		
2	兆欧表检查	4	检查不规范　扣 1~4 分 不会检查　扣 4 分		
3	正确使用兆欧表	10	操作不规范　扣 2~10 分 操作不安全　扣 10 分		
4	对测量结果进行判断	2	不会读数或者读数不准确　扣 2 分		
5	否定项	无法正确选择合适的仪表或违反安全操作规范导致自身或仪表处于不安全状态　扣 20 分			
合计		20			

自我测试

1. 一般的兆欧表主要是由____________、____________以及测量电路等组成。

2. 兆欧表是专供用来____________、____________的绝缘电阻的一种便携式仪表。

3. 兆欧表使用前需进行____________、____________、____________检查。

任务六　用接地电阻测量仪测量设备或电路的接地电阻

任务描述

用接地电阻测量仪测试某 10 kV 电网工作接地的接地电阻,并判断该接地电阻是否符合要求。

学习目标

一、知识目标

①接地电阻测量仪的特点、结构及工作原理。
②接地电阻测量仪的使用注意事项。

二、技能目标

①正确使用接地电阻测量仪测量电力变压器的接地电阻。
②正确判断电力变压器的接地电阻是否符合要求。

知识准备

接地技术的引入是为了防止电力或电子等设备遭雷击而采取的保护性措施,目的是把雷电产生的电流通过避雷针引入大地,从而起到保护作用。同时,接地也是保护人身安全的一种有效手段,当某种原因引起的相线(如电线绝缘不良、电路老化等)和设备外壳碰触时,设备的外壳就会有危险电压产生,由此生成的电流就会经保护地线流到大地,从而起到人身安全保护作用。接地电阻值就是用来衡量接地状态是否良好的一个重要参数,如果接地电阻值达不到要求,不但安全得不到保证,还会造成严重的事故,因此,定期测量接地装置的接地电阻是安全用电的保障。

测量接地电阻的方法很多,有电桥法、电流表-电压表法、补偿法等。ZC-8 型接地电阻测试仪,是根据补偿法原理制成的一种专门用于测量接地装置接地电阻的仪器。

一、接地电阻测量仪的结构与工作原理

1. 接地电阻测量仪的结构

如图 1-6-1 所示,接地电阻测量仪主要由手摇发电机(摇柄)、电流互感器 TA(位于接地电阻测量仪内部)、电位器(刻度盘)、3 个接线端子(E 端、P 端、C 端)以及检流计组成,其附件有两根探针,分别为电位探针(用 P′表示)和电流探针(用 C′表示),还有 3 根长度不同的导线(5 m 长的用于连接被测的接地体,20 m 长的用于连接电位探针,40 m 长的用于连接电流探针)。用 120 r/min 的速度摇动摇把时,表内能发出 110~115 Hz、100 V 左右的交流电压。

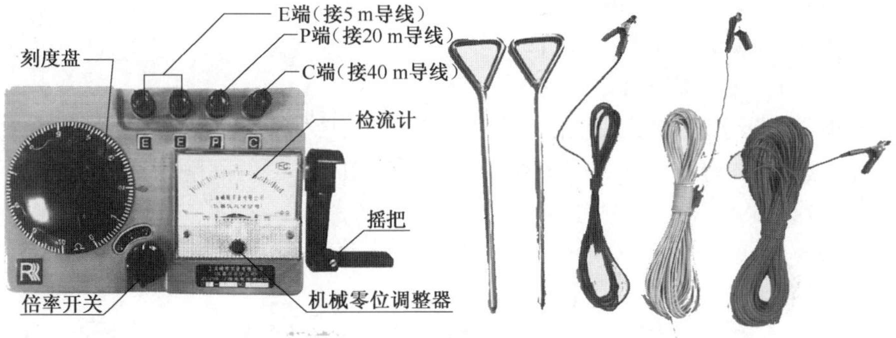

图 1-6-1　接地电阻测量仪结构

2. 接地电阻测量仪的工作原理

接地电阻测量仪的工作原理如图 1-6-2 所示。手摇发电机输出的电流经互感器 TA 的一次侧⟶接地 E′⟶大地⟶电流探针 C′⟶ 发电机,构成闭合回路,当电流 I 流入大地后,经接地体 E′向四周散开。离接地体越远,电流的密度越小。一般到 20 m 处时,电流密度为零,电位也等于零。电流 I 在流过接地电阻 R_x 时产生的压降为 IR_x,在流经 R_C 时产生的压降为 IR_C。其电位分布如图 1-6-2 所示。若电流互感器的变流比为 K,其二次电流为 KI,它流过电位器 RP 时产生的压降为 KIR_s(R_s 是 RP 最左端与滑动触点之间的电阻)。当调节电位器 RP 使检流计指针为零时,则有:

$$IR_x = KIR_s$$

两边除以 I,得:

$$R_x = KR_s$$

上式说明,被测电阻 R_x 的值,可由电流互感器的变流比 K 以及电位器的电阻 R_s

来确定,而与 R_C 无关,即实际测量时,只要调节到检流计指示为零,将刻度盘上的指示估计值乘以 X 倍率标度就是所测的接地体的接地电阻值。

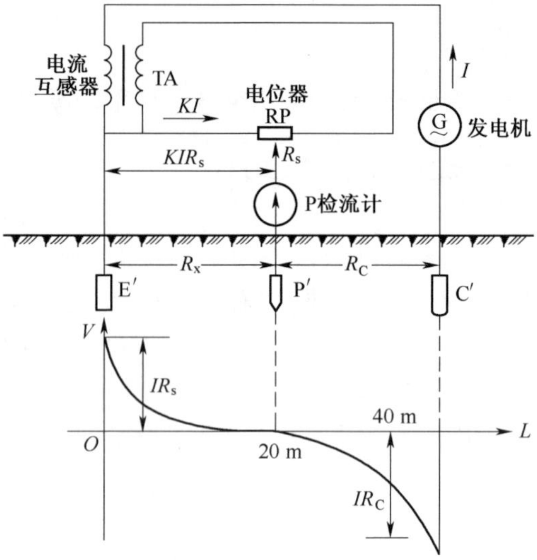

图 1-6-2　接地电阻测量仪的工作原理

二、接地电阻的测量方法

①断开被测设备或电路的电源,将仪器和接地探针擦拭干净,并拆开接地干线与接地体的连接点。

②按图 1-6-3 所示,将被测的接地体 E′与测量仪的 E 端相连,电位探针 P′、电流探针 C′完全插入地下,并分别与测量仪的 P 和 C 相连接,E′、P′、C′在一条直线上,E′和 P′, P′和 C′的间隔距离分别为 20 m,如图 1-6-3 所示。

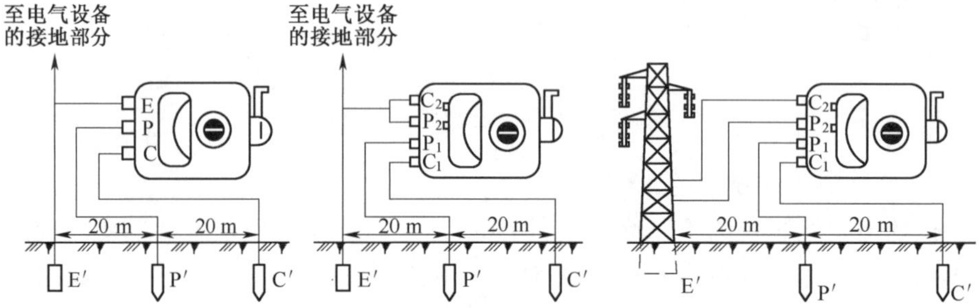

(a) 接线(一)　　(b) 接线(二)　　(c) 接线(三)

图 1-6-3　接地电阻测量接线

③将倍率开关置于最大倍数上,缓慢摇动发动机手柄,同时转动"测量标度盘",使检流计指针处于中心线位置。当检流计接近平衡时,加速摇动手柄,使发动机转速升至额定转速 120 r/min,同时调节"测量标度盘",使检流计指针稳定在中心线处。此时,即可读取 R_s 的数值,接地电阻=倍率×测量标度盘读数。

④每次测量完毕后,都应将探针拔出并擦拭干净,并将导线整理好以便下次使用,将仪表存放于干燥、避光、无振动的场所,仪表运输和使用时应小心轻放,避免振动以防轴间宝石轴受损而影响指示精度。

三、测量注意事项

当检流计的灵敏度过高时，可将电位探针 P′插入土壤中浅一些。当检流计的灵敏度不够高时，可沿电位探针和电流探针注水使土壤湿润些。

四、接地种类及相关标准

1. 接地种类

①防静电接地：防止静电危险影响而将易燃油、天然气储存罐和管道、电子设备等接地。

②工作接地：为了正常运行而将电力系统或电路回路的某一点进行接地。

③保护接地：将正常情况下不带电，但由于绝缘破损可能带电的设备金属部分与接地体进行可靠连接。

④防雷接地：为了将雷电引入地下，将防雷设备（避雷针等）的接地端与大地相连，以消除雷电过电压对电气设备、人身财产的危害的一种接地方式，也称过电压保护接地。

2. 接地电阻国家标准 GB 50057—2010《建筑物防雷设计规范》规范要求

①独立的防雷保护接地电阻应小于或等于 10 Ω。

②独立的交流工作接地电阻应小于或等于 4 Ω。

③独立的直流工作接地电阻应小于或等于 4 Ω。

④独立的安全保护接地电阻应小于或等于 4 Ω。

⑤防静电接地电阻一般要求小于或等于 100 Ω。

任务实施

视频

接地电阻测量仪的使用

一、任务要求

①用接地电阻测量仪测量某 10 kV 电网工作接地的接地电阻。

②判断该电网的工作接地电阻是否合格。

二、操作流程

①实训前，应仔细阅读接地电阻测量仪的安全操作规程，按照规程要求进行实训。

②穿戴好防护用品，做好个人安全防护，将待测接地体与接地干线断开。

③按接地电阻测量仪的测量要求接好线，选好量程，由于电网工作接地的接地电阻不大于 4 Ω，因此，测量时倍率开关调到“×1”即可。

④用指针式接地电阻测量仪测量电力变压器的接地电阻,重复测 3 次,并将测量数据记录在表 1-6-1 中。

⑤分析测量结果,判断电力变压器的接地电阻是否符合国家标准规范。

⑥拆除测量电路,完成测量任务,将仪表整理收好。

表 1-6-1　接地电阻测量仪测量接地电阻数值记录表

测量次数	测量数值	是否符合要求
第 1 次		
第 2 次		
第 3 次		
电力变压器接地电阻是否符合国家标准规范		

三、检查评价

对任务的实施完成情况进行评分,评分标准见表 1-6-2。

表 1-6-2　评分标准

序号	考评内容	配分	扣分原因	扣分	得分
1	根据实习任务选用合适的电工仪表	4	选用不正确　扣 1~4 分		
2	接地电阻测量仪检查	4	检查不规范　扣 1~4 分 不会检查　扣 4 分		
3	正确使用接地电阻测量仪	10	操作不规范　扣 2~10 分 操作不安全　扣 10 分		
4	对测量结果进行判断	2	不会读数或者读数不准确　扣 2 分		
5	否定项	无法正确选择合适的仪表或违反安全操作规范导致自身或仪表处于不安全状态　扣 20 分			
合计		20			

自我测试

接地电阻测量仪主要由__________、__________、电位器和__________四部分组成。

任务七　挂接临时接地线

任务描述

在进行低压配电线路或设备维护工作时，为确保作业人员的人身安全，临时停电后，仍需要对线路进行临时接地处理，挂接临时接地线（携带型接地线），在检修作业结束后，需要将临时接地线拆除。操作中，需要使用安全帽、防护眼镜、低压绝缘手套、绝缘鞋及验电器等用具来辅助作业。

学习目标

一、知识目标

①了解挂接临时接地线的重要意义。
②熟悉临时接地线的基本结构。

二、技能目标

①正确穿戴挂接临时接地线所需的安全用具。
②按照操作流程规范装、拆临时接地线。

知识准备

一、临时接地线

1. 临时接地线的用途

临时接地线即携带型接地线，用于在对已停电的设备或线路进行检修时，防止突然来电（如错误合闸送电）或产生的感应电压危及检修人员的人身安全。

2. 临时接地线的结构

临时接地线由接地导体棒、接地线及接地端三部分组成。其中接地导体棒由导体端、工作部分及握手部分组成，如图1-7-1所示。接地线应用软铜芯截面积不小于25 mm^2 的导线。

3. 临时接地线使用注意事项

①使用前需要检查临时接地线是否经检验合格；检查三根接地端和三根接地

铜线连接是否牢固,软铜线应无裸露,螺母不松脱方可使用;检查导体端是否有破损或缺失。

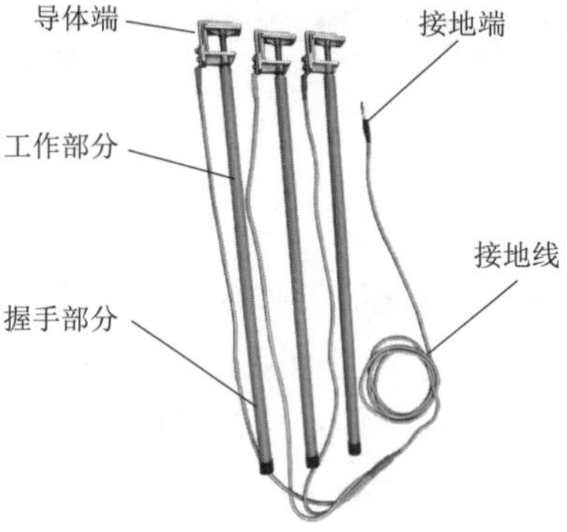

图 1-7-1　临时接地线

②挂接临时接地线前,应穿戴好经检验合格的安全防护用具:着长袖工服、穿绝缘鞋、戴安全帽、佩戴防护眼镜、戴低压绝缘手套,并设置专人监护。

③挂接临时接电线时,需要确保线路断电,并经验电确认无电后方可进行操作。

④检修工作结束后,需要将临时接地线拆除,并放置在干燥通风、免受阳光直射的场所,避免与酸、碱及油类等腐蚀品接触;临时接地线应每五年进行一次检验。

视频

挂接临时接地线

任务实施

一、任务要求

按照操作规范在室内模拟挂接临时接地线,现场如图 1-7-2 所示。

二、操作流程

1. 选用安全防护用具

根据任务要求,需要选用安全帽、防护眼镜、绝缘鞋、低压绝缘手套、低压验电器,将所选用具检查后进行规范穿戴,如图 1-7-3 所示。

2. 挂接临时接地线

挂接临时接地线时应注意以下事项:

①设置专人监护,并站在绝缘垫上作业。

②将线路断电,并使用低压验电器确认电闸及线路上均无电。

图 1-7-2　临时接地线挂接现场

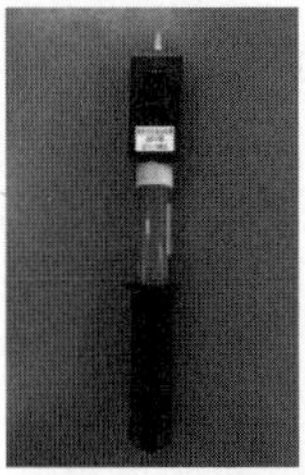

（a）低压验电器

（b）安全帽

（c）防护眼镜

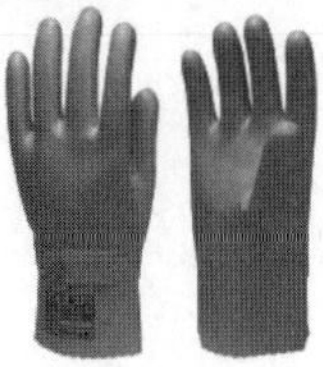

（d）低压绝缘手套

（e）绝缘鞋

图 1-7-3　所需安全防护用具

③在电闸处挂上"禁止合闸，线路有人工作"警示牌。
④挂接临时接地线时先接接地端，后接三相导体端。
⑤检修工作结束后，先拆下三相导体端，后拆接地端。

⑥拿下警示牌,将合上电闸,并进行验电确定送电成功,整理好工作现场即可。

三、检查评价

对任务的实施完成情况进行评分,评分标准见表1-7-1。

表1-7-1 评分标准

序号	考评内容	配分	扣分原因	扣分	得分
1	安全用具的认识	6	口述三种安全用具的作用及使用场所: 叙述作用有误 扣1~3分 叙述使用场合有误 扣1~3分		
2	用具的选用	3	未按要求选用安全用具 扣1~3分		
3	安全防护用品的检查	3	检查不规范 扣1~2分 不会检查 扣3分		
4	挂接临时接地线	8	挂接临时接地线操作不规范 扣1~8分 违反安全操作规范 扣8分		
合计		20			

自我测试

1. 临时接地线的铜线截面积应不小于__________ mm^2。

2. 临时接地线由导体棒、__________和接地线组成。

3. 挂接临时接地线时应先接__________,再接__________;拆除临时接地线时,应先拆__________,后拆__________。

4. 挂接临时接地线时有哪些注意事项?

科目二
安全操作技术

任务一　基本低压电器的选择

任务描述

在实际生产及日常生活中,经常会见到各种各样的机电设备,它们都是由各式各样的低压电器来控制的,如断路器、熔断器、交流接触器、热继电器等,那么在实际应用中如何选择及使用这些低压电器?

学习目标

一、知识目标

①掌握低压电器的分类。
②掌握低压电器的结构与原理。

二、技能目标

①在实际控制中能正确选择低压电器。
②正确使用低压电器。

知识准备

一、低压断路器

低压断路器(见图 2-1-1)又称自动空气开关或自动空气断路器,简称断路器。它是一种既有手动开关作用,又能自动进行失电压、欠电压、过载和短路保护的电器。它可用来分配电能,对电源电路及电动机等实行保护。当它们发生严重的过载或者短路及欠电压等故障时能自动切断电路,而且,在分断故障电流后一般不需要变更零部件,已获得广泛应用。

1. 低压断路器的类型

低压断路器按结构形式可分为塑壳式(又称装置式)、框架式(又称万能式)、限流式、直流快速式、灭磁式和漏电保护式六类;按操作方式可分为人力操作式、动力操作式、储能操作式;按极数可分为单极、二极、三极、四极式;按安装方式可分为固定式、插入式、抽屉式;按断路器在电路中的用途可分为配电用断路器、电动机保护用断路器、其他负载用断路器。

图 2-1-1　低压断路器

2. 低压断路器的型号及含义

在电力拖动控制系统中常用的低压断路器是 DZ 系列塑壳式断路器，如 DZ5 系列、DZ10 系列和 DZ47 系列。下面以 DZ5 系列低压断路器为例介绍低压断路器，如图 2-1-2 所示。

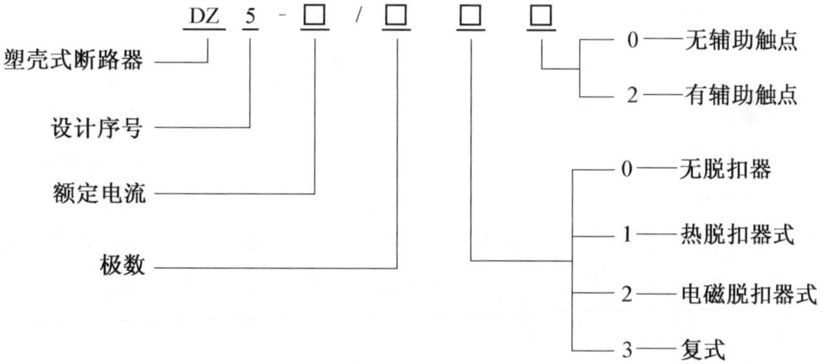

图 2-1-2　DZ5 系列低压断路器型号及含义

3. 低压断路器的结构及工作原理

DZ5 系列低压断路器的结构由触点系统、过载保护装置、操作机构、欠电压脱扣器、电磁脱扣器等部分组成，如图 2-1-3 所示。

当电路发生过载时，过载电流流过热元件产生一定的热量，使双金属片受热向上弯曲，通过杠杆推动搭钩与锁扣脱开，在反作用弹簧的推动下，动、静触点分开，从而切断电路，使用电设备不致因过载而烧毁。当电路发生短路故障时，短路电流超过电磁脱扣器的瞬时脱口整定电流，电磁脱扣器产生足够大的吸力将衔铁吸合，通过杠杆推动搭钩与锁扣脱开，从而切断电路，实现短路保护，低压断路器出厂时,电磁脱扣器的瞬时脱扣整定电流一般整定为 $10I_N$(I_N 为低压断路器的额定电流)。

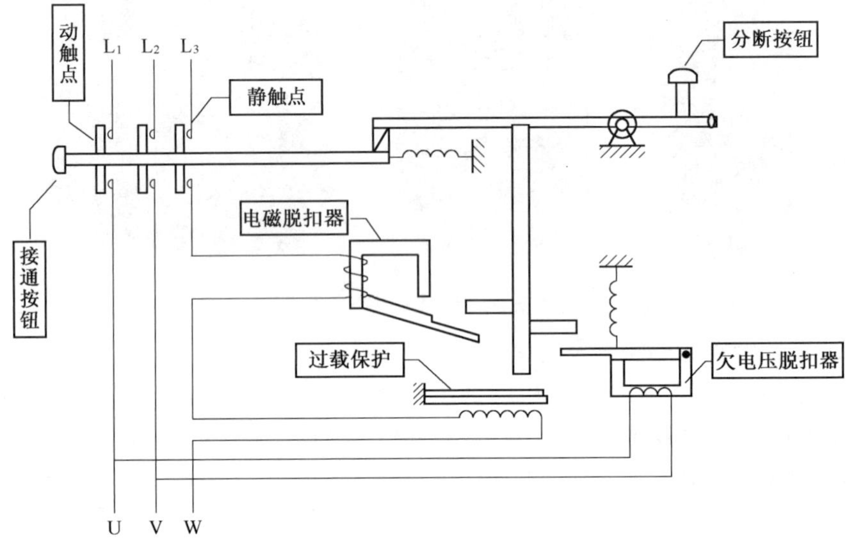

图 2-1-3　DZ5 系列低压断路器结构原理图

欠电压脱扣器的动作过程与电磁脱扣器恰好相反,当电路电压正常时,欠电压脱扣器的衔铁被吸合,衔铁与杠杆脱离,断路器的主触点能够闭合;当电路上的电压消失或下降到某一数值时,欠电压脱扣器的吸力消失或减少到不足以克服拉力弹簧的拉力时,衔铁在拉力弹簧的作用下撞击杠杆,将搭钩顶开,使触点分断。由此可看出,具有欠电压脱扣器的断路器在欠电压脱扣器两端无电压或电压过低时,不能接通电路。

4. 低压断路器的选用

低压断路器的选用原则如下:

①低压断路器的额定电压和额定电流应不小于电路、设备的正常工作电压和工作电流。

②热脱扣器的整定电流应等于所控制负载的额定电流。

③电磁脱扣器的瞬时脱扣整定电流应大于负载电路正常工作时的峰值电流。用于控制电动机的断路器,其瞬时脱扣整定电流可按下式选取:

$$I_Z = KI_{ST}$$

式中,K 为安全系数,可取 1.5~1.7;I_{ST} 为电动机的启动电流。

④欠电压脱扣器的额定电压应等于电路的额定电压。

⑤断路器的极限通断能力应不小于电路最大短路电流。

5. 低压断路器的安装与使用

①低压断路器应垂直于配电板安装，电源线应接到上端，负载线接到下端。

②电压断路器用作电源总开关或电动机的控制开关时，在电源进线侧必须加装刀开关或熔断器等，以形成明显的断开点。

③低压断路器在使用前应将脱扣器工作面的防锈油脂擦干净；各脱扣器动作值一经调整好，不允许随意变动，以免影响其动作。

④使用过程中若遇分断短路电流，应及时检查触点系统，若发现电灼烧痕，应及时修理或更换。

二、熔断器

熔断器是低压配电网络和电力拖动系统中主要用作短路保护的电器。使用时，熔断器应串联在被保护的电路中。正常情况下，熔断器的熔体相当于一段导线；而当电路发生短路故障时，熔体能迅速熔断分断电路，起到保护电路和电气设备的作用。

1. 熔断器的结构与主要技术参数

熔断器主要由熔体、安装熔体的熔管和熔座三部分组成。熔体是熔断器的核心，常做成丝状、片状或栅状，制作熔体的材料一般有铅锡合金、锌、铜、银等；熔管是熔体的保护外壳，用耐热绝缘材料制成，在熔体熔断时兼有灭弧作用；熔座是熔断器的底座，作用是固定熔管和外接引线。图 2-1-4 所示为螺旋式熔断器。

图 2-1-4　螺旋式熔断器

2. 熔断器的主要技术参数

①额定电压：熔断器长期工作所能承受的电压。

②额定电流：保证熔断器能长期正常工作的电流。

③分断能力：在规定的使用和性能条件下，熔断器能分断的预期分断电流值。

④时间-电流特性：在规定的条件下，表征流过熔体的电流与熔体熔断时间的关系曲线如图 2-1-5 所示。

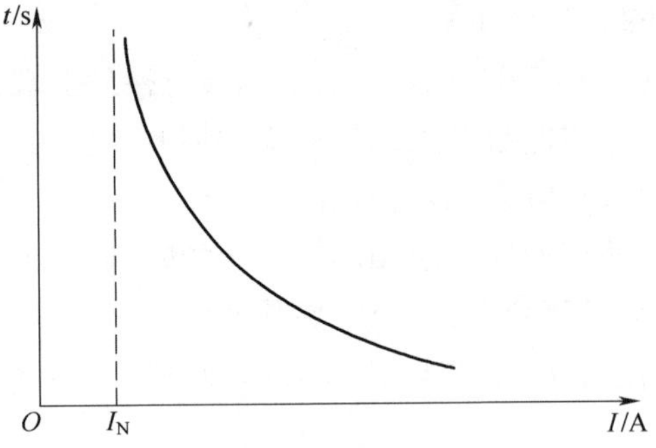

I_N—熔断器熔体额定电流。

图 2-1-5　熔断器的保护特性曲线

熔断器的保护特性：

①当流过熔体的电流达到熔体额定电流的 1.3~2 倍时，熔体自身的发热温度开始缓慢上升，熔体开始缓慢熔断。

②当流过熔体的电流达到熔体额定电流的 8~10 倍时，熔体自身的发热温度呈突变式上升，熔体迅速熔断。

③通过熔断器的电流越大，熔体熔断速度越快的特性称为熔断器的保护特性或者安秒特性。

3. 常用低压熔断器

(1)熔断器的型号及含义(见图 2-1-6)

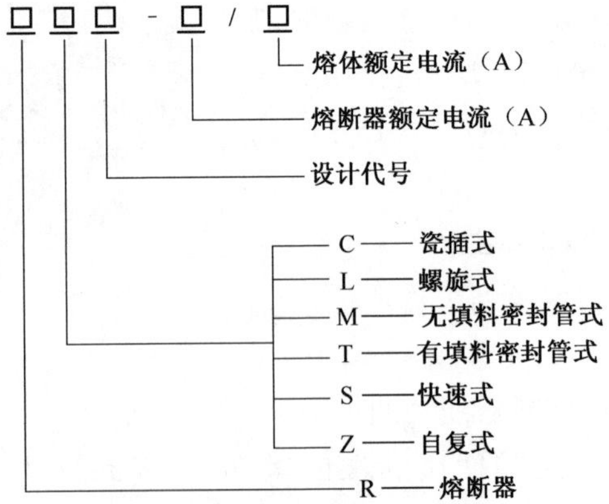

图 2-1-6　熔断器的型号及含义

(2)RC1A 系列瓷插式熔断器(见图 2-1-7)

RC1A 系列瓷插式熔断器的特点及应用见表 2-1-1。

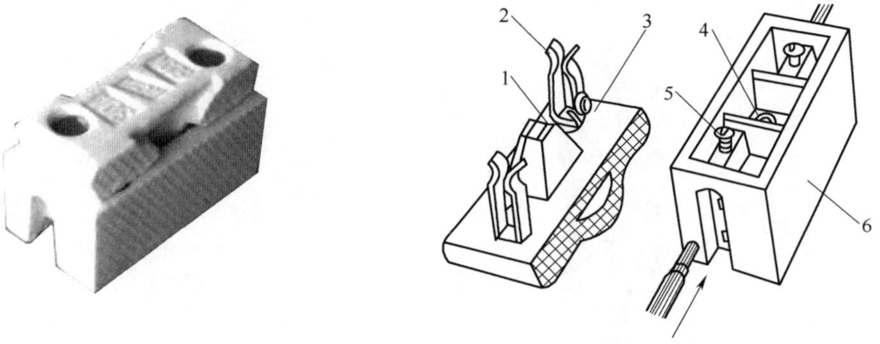

(a) 实物　　(b) 结构

1—熔丝;2—动触点;3—瓷盖;4—空腔;5—静触点;6—瓷座。

图 2-1-7　RC1A 系列瓷插式熔断器

表 2-1-1　RC1A 系列瓷插式熔断器的特点及应用

特点	结构简单,价格低廉,更换方便,使用时将瓷盖插入瓷座,拔下瓷盖便可更换熔丝
应用	额定电压 380 V 及以下、额定电流为 5～200 A 的低压电路末端或分支电路中,做电路和用电设备的短路保护,在照明电路中还可起过载保护作用

(3) RL1 系列螺旋式熔断器(见图 2-1-8)

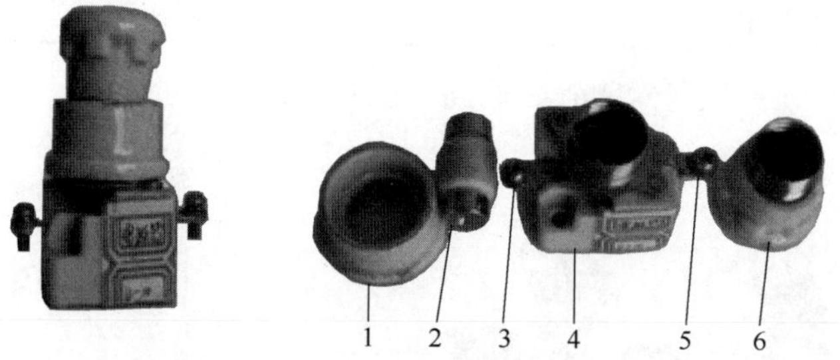

1—瓷套;2—熔断管;3—下接线座;4—瓷座 ;5—上接线座;6—瓷帽。

图 2-1-8　RL1 系列螺旋式熔断器

RL1 系列螺旋式熔断器的特点及应用见表 2-1-2。

表 2-1-2　RL1 系列螺旋式熔断器的特点及应用

特点	熔断管内装有石英砂、熔丝和带小红点的熔断指示器,石英砂用以增强灭弧性能。熔丝熔断后有明显指示
应用	在交流额定电压 500 V、额定电流 200 A 及以下的电路中,作为短路保护器件

(4) RM10 系列无填料封闭管式熔断器(见图 2-1-9)

封闭管式熔断器的特点及应用见表 2-1-3。

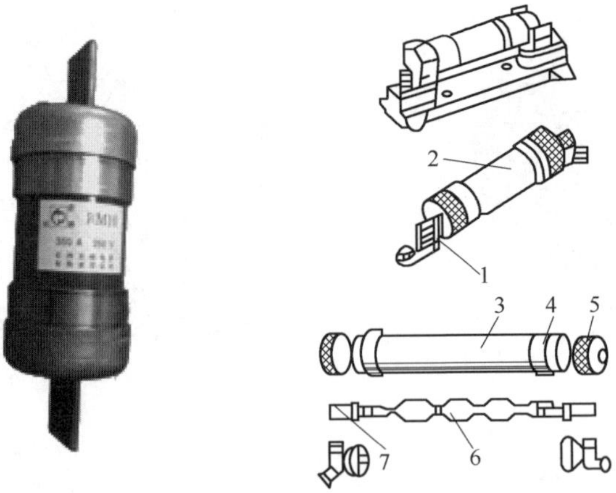

(a) 实物　　　　(b) 结构

1—夹座;2—熔断管;3—钢纸管;4—黄铜套管;5—黄铜帽;6—熔体 ;7—刀型夹头。

图 2-1-9　RM10 系列无填料封闭管式熔断器

表 2-1-3　RM10 系列无填料封闭管式熔断器的特点及应用

特点	熔断管用钢纸制成,两端为黄铜制成的可拆式管帽,管内熔体为变截面的熔片,更换熔体较方便
应用	用于交流额定电压 380 V 及以下、直流 440 V 及以下、电流在 600 A 以下的电力电路中

(5)RT0 系列有填料封闭管式熔断器(见图 2-1-10)

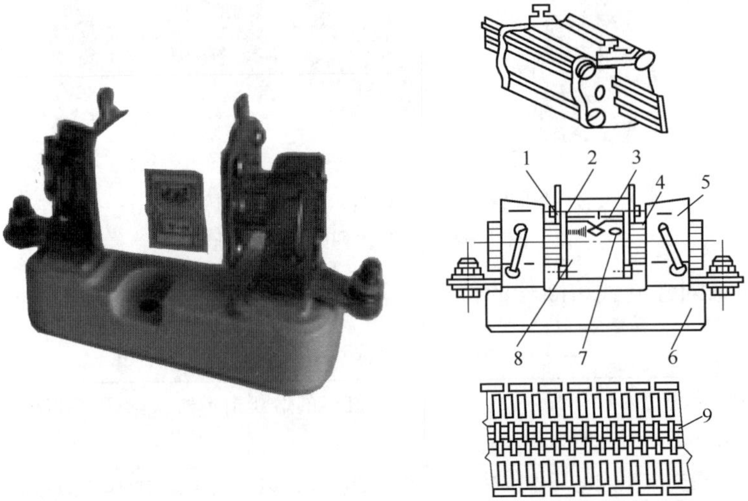

(a) 实物　　　　(b) 结构

1—熔断指示器;2—石英砂填料;3—指示器熔丝;4—夹头;5—夹座;6—底座;7—熔体;8—熔管;9—锡桥。

图 2-1-10　RT0 系列有填料封闭管式熔断器

RT0 系列有填料封闭管式熔断器的特点及应用见表 2-1-4。

表 2-1-4　RT0 系列有填料封闭管式熔断器的特点及应用

特点	熔体是两片网状紫铜片，中间用锡桥连接。熔体周围填满石英砂起灭弧作用
应用	用于交流 380 V 及以下、短路电流较大的电力输配电系统中，作为电路及电气设备的短路保护及过载保护

(6)NG30 系列有填料封闭管式圆筒帽形熔断器(见图 2-1-11)

图 2-1-11　NG30 有填料封闭管式圆筒帽形熔断器

NG30 有填料封闭管式圆筒帽形熔断器的特点及应用见表 2-1-5。

表 2-1-5　NG30 有填料封闭管式圆筒帽形熔断器特点及应用

特点	熔断体由熔管、熔体、填料组成，由纯铜片制成的变截面熔体封装于高强度熔管内，熔管内充满高纯度石英砂作为灭弧介质，熔体两端采用点焊与帽端牢固连接
应用	用于交流 50 Hz、额定电压 380 V、额定电流 63 A 及以下工业电气装置的配电电路中

常见低压熔断器的主要技术参数见表 2-1-6。

表 2-1-6　常见低压熔断器的主要技术参数

类别	型号	额定电压/V	额定电流/A	熔体额定电流等级/A	极限分断能力/kA	功率因数
瓷插式熔断器	RC1A	380	5	2、5	0.25	0.8
			10	2、4、6、10	0.5	
			15	6、10、15		

续上表

类别	型号	额定电压/V	额定电流/A	熔体额定电流等级/A	极限分断能力/kA	功率因数
瓷插式熔断器	RC1A	380	30	20、25、30	1.5	0.7
			60 100 200	40、50、60 80、100 120、150、200	3	0.6
螺旋式熔断器	RL1	500	15 60	2、4、6、10、15 20、25、30、35、40、50、60	2 3.5	≥0.3
			100 200	60、80、100 100、125、150、200	20 50	
	RL2	500	25 60 100	2、4、6、10、15、20、25 25、35、50、60 80、100	1 2 3.5	
无填料封闭管式熔断器	RM10	380	15	6、10、15	1.2	0.8
			60	15、20、25、35、45、60	3.5	0.7
			100 200 350	60、80、100 100、125、160、200 200、225、260、300、350	10	0.35
			600	350、430、500、600	12	0.35
有填料封闭管式熔断器	RT0	交流 380 直流 440	100 200 400 600	30、40、50、60、100 120、150、200、250 300、350、400、450 500、550、600	交流 50 直流 25	>0.3

4. 熔断器的选用

(1)熔断器类型的选用

根据使用环境、负载性质和短路电流的大小选用适当类型的熔断器。

(2)熔断器额定电压和额定电流的选用

①熔断器的额定电压必须等于或大于电路的额定电压。

②熔断器的额定电流必须等于或大于所装熔体的额定电流。

(3)熔体额定电流的选用

①对照明和电动机等的短路保护,熔体的额定电流(I_{RN})应等于或稍大于负载的额定电流。

②对一台不经常启动且启动时间不长的电动机的短路保护,应有:

$$I_{RN} \geqslant (1.5 \sim 2.5) I_N$$

③对多台电动机的短路保护,应有:

$$I_{RN} \geqslant (1.5 \sim 2.5) I_{Nmax} + \sum I_N$$

【例题】 某机床电动机的型号为 Y112M-4,额定功率为 4 kW,额定电压为 380 V,额定电流为 8.8 A,该电动机正常工作时不需要频繁启动。若用熔断器为该电动机提供短路保护,试确定熔断器的型号规格。

解:

①选择熔断器的类型:用 RL1 系列螺旋式熔断器。

②选择熔体额定电流:

$$I_{RN} = (1.5 \sim 2.5) \times 8.8\ \text{A} \approx 13.2 \sim 22\ \text{A}$$

查表 2-1-6 得熔体额定电流为:

$$I_{RN} = 20\ \text{A}$$

③选择熔断器的额定电流和电压:查表 2-1-6,可选取 RL1-60/20 型熔断器,其额定电流为 60 A,额定电压为 500 V。

三、交流接触器

交流接触器是一种自动控制电器,用于远距离频繁地接通或断开主电路及大容量的控制电路,其主要控制对象是电动机,也可控制如电热设备、电焊机等负载。

1. 交流接触器的结构

交流接触器的结构主要由电磁系统、触点系统、灭弧装置和辅助部件组成,如图 2-1-12 所示。

①电磁系统:主要由线圈、铁芯(静铁芯)和衔铁(动铁芯)三部分组成。其作用是利用电磁线圈的得电或失电,将电能转换成机械能,使衔铁和铁芯吸合或释放,从而带动动触点与静触点闭合或分断,实现接通或断开电路的目的。

②触点系统:交流接触器的触点按接触情况可分为点接触式、线接触式和面接触式 3 种;按触点的结构形式划分,有桥式触点和指形触点两种;按通断能力划分,可分为主触点和辅助触点。

③灭弧装置:交流接触器在断开大电流或高电压电路时,在动、静触点之间会产生很强的电弧。电弧是触点间气体在强电场作用下产生的放电现象,电弧的产

生,一方面会灼伤触点,减少触点的使用寿命;另一方面会使电路切断时间延长,甚至造成弧光短路或引起火灾事故。

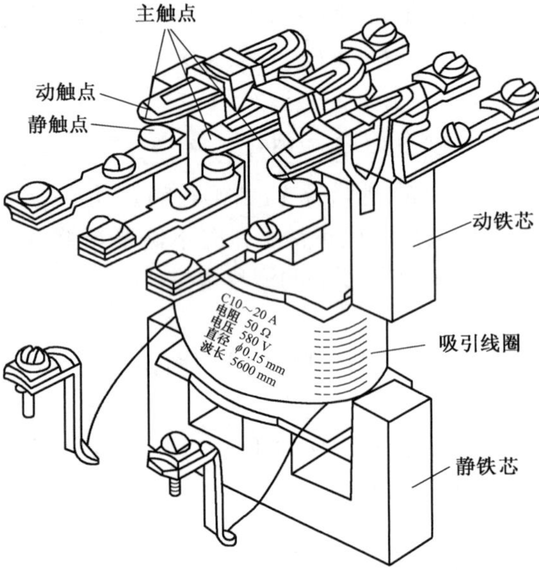

图 2-1-12　交流接触器的结构

④辅助部件:交流接触器的辅助部件有反作用弹簧、缓冲弹簧、触点压力弹簧、传动机构及底座、接线柱等。

2. 交流接触器的型号及含义

交流接触器的种类很多,空气电磁式交流接触器应用最广泛,其产品系列、品种最多,结构和工作原理基本相同。常用的有国产的 CJ10(CJT1)、CJ20 和 CJ40 等系列,引进国外先进技术生产的 CJX1 系列、CJX8 系列、CJX2 系列等。下面以 CJX1 系列为例来说明其型号及含义,如图 2-1-13 所示。

3. 交流接触器的符号

交流接触器在电路中的符号如图 2-1-14 所示。

4. 交流接触器的工作原理

当交流接触器的线圈得电后,线圈中的电流产生磁场,使静铁芯磁化产生足够大的电磁吸力,克服反作用弹簧的反作用力将衔铁吸合,衔铁通过传动机构带动辅助常闭触点先断开,三对常开主触点和辅助常开触点闭合;当接触器线圈失电或电压显著下降时,由于铁芯的电磁吸力消失或过小,衔铁在反作用弹簧的作用下复位,并带动各触点恢复到原始状态,如图 2-1-15 所示。

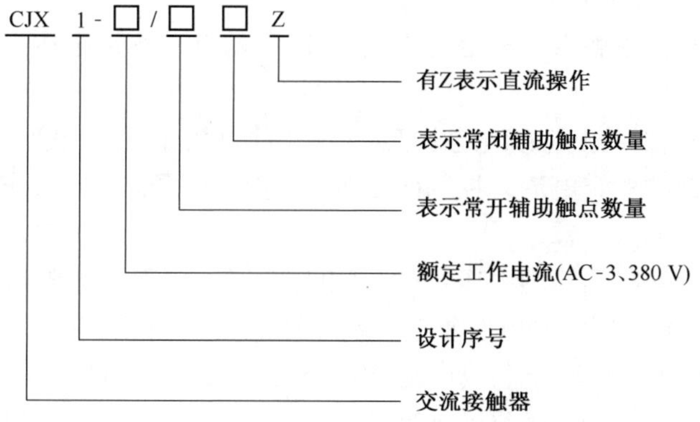

图 2-1-13　CJX1 系列交流接触器的型号及含义

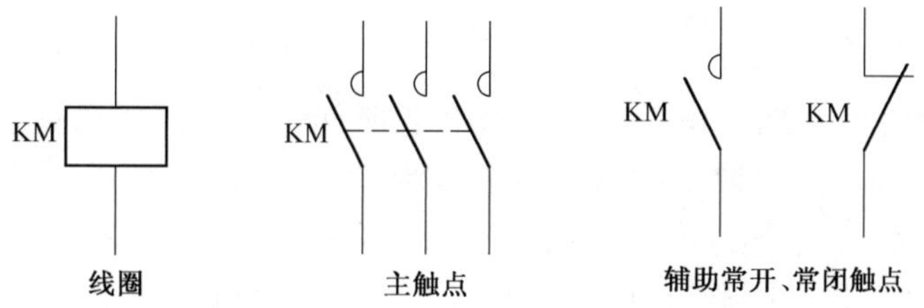

图 2-1-14　交流接触器的符号

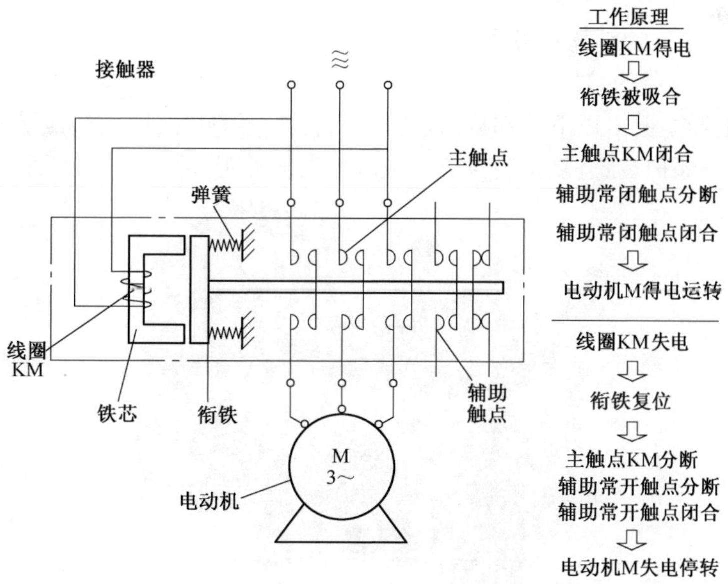

图 2-1-15　交流接触器工作原理

5. 交流接触器的选用

①选择接触器主触点的额定电压:接触器主触点的额定电压应大于或等于控制电路的额定电压。

②选择接触器主触点的额定电流:接触器控制电阻性负载时,主触点的额定电流应等于负载的额定电流。控制电动机时,主触点的额定电流应大于或稍大于电动机的额定电流。

③选择接触器吸引线圈电压:当控制电路简单,使用电器较少时,可直接选用380 V或220 V的电压。当电路复杂,使用时间超过5 h时,从人身和设备安全角度考虑,吸引线圈电压要选低一些,可用36 V或110 V的电压。

④选择接触器的触点数量及类型接触器的触点数量、类型应满足控制电路的要求。

四、热继电器

热继电器是用于防止电路或电气设备长时间过载的低压保护电器。它特别适用于电动机的过载保护,因为电动机在实际运行中,常会遇到过载情况,但只要过载不严重、时间短,绕组不超过允许的温升,这种过载是允许的。如果过载情况严重、时间长,则会加速电动机绝缘的老化,缩短电动机的使用年限,甚至烧毁电动机,因此,常用热继电器对电动机进行过载保护。有的热继电器还可以作为电动机的断相保护及短路保护。

1. 热继电器的结构及符号

(1)热继电器的结构

热继电器主要由以下几部分组成:热元件及双金属片、联动接点装置、电流整定装置、断相保护装置、复位装置等。热继电器的外观如图2-1-16所示。

图 2-1-16　热继电器的外观

(2)热继电器的符号

热继电器在电路中的符号如图 2-1-17 所示。

2. 热继电器的型号及含义

热继电器的型号及含义如图 2-1-18 所示。

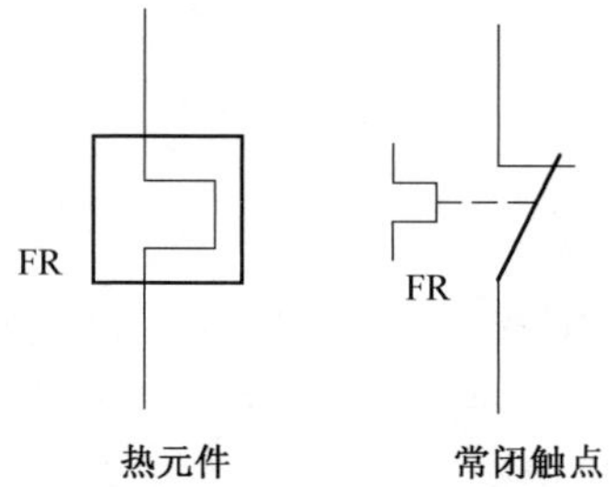

图 2-1-17　热继电器的符号

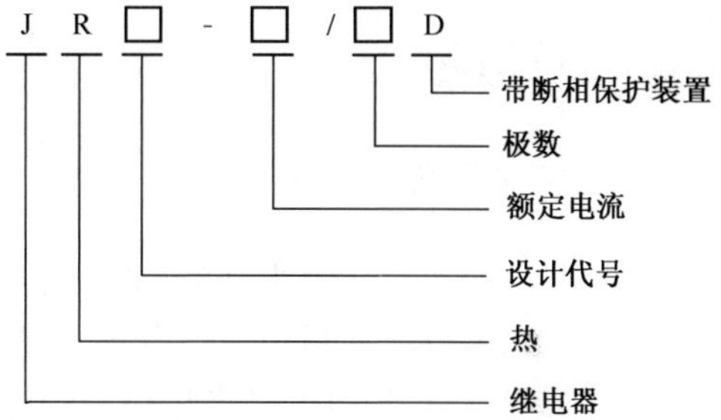

图 2-1-18　热继电器的型号及含义

例如:JR15-20/3D 热继电器,设计代号是 15,额定电流为 20 A,3 相,带断相保护。

3. 热继电器的工作原理

热继电器中的关键零件是热元件,热元件是由两种热膨胀系数不同的金属片铆接在一起而制成的,又叫作双金属片(铁镍合金)。它受热后,两片金属皆要膨胀,但一片膨胀得快,另一片膨胀得慢,当双金属片受热时,会出现弯曲变形,形成一个弧线,外弧是膨胀得快的金属片,内弧是膨胀得慢的金属片。使用时,把热元件串联于电动机的主电路中,而常闭触点串联于电动机的控制电路中,当电动机正常运行时,热元件产生的热量虽能使双金属片弯曲,但还不足以使热继电器的触点动作,当电动机过载时,双金属片弯曲位移增大,推动导板使常闭触点断开,从而切断电动机控制电路以起保护作用。热继电器动作后一般不能自动复位,要等双金属片冷却后按下复位按钮复位。

如图 2-1-19 中所示,热元件 2 通电发热后,主双金属片 1 受热向左弯曲,推动导板 3 向左推动,执行机构发生一定的运动。电流越大,执行机构的运动幅度也越大。当电流大到一定程度时,执行机构发生跃变,即触点发生动作从而切断主电路。

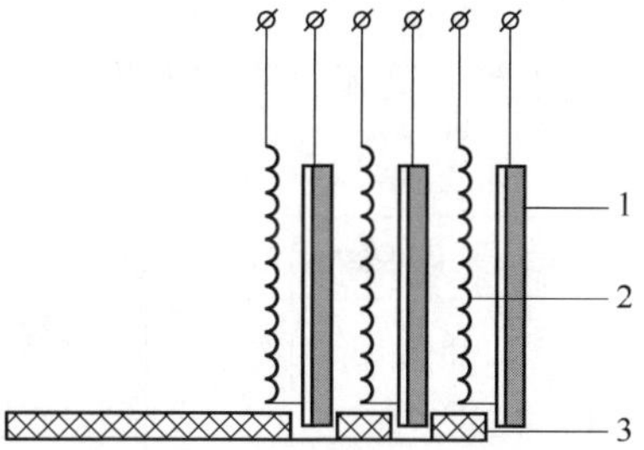

1—金属片;2—热元件;3—导板。

图 2-1-19　热继电器工作原理图

4. 热继电器的选择

①根据电动机的额定电流选择热继电器的规格。一般应使热继电器的额定电流稍大

于电动机的额定电流。

②热元件的整定电流应为电动机额定电流的0.95~1.05倍。

③定子绕组作Y连接的电动机选用普通三相结构的热继电器,而作△连接的电动机应选用三相结构带断相保护装置的热继电器。

任务实施

一、任务要求

某机床电动机的型号为Y112M-4,额定功率为4 kW,额定电压为380 V,额定电流为8.8 A,该电动机正常工作时不需要频繁启动。用空气开关作接通及断开电源,熔断器为该电动机提供短路保护,热继电器作过载保护,交流接触器用作失电压、欠电压保护,试确定空气开关、熔断器、热继电器、交流接触器的型号规格。

二、操作流程

按照任务要求选择正确规格的电气元件填写表2-1-7。

表2-1-7　选择低压电气元件

序号	元件名称	用途	规格型号
1	空气开关		
2	熔断器		
3	热继电器		
4	交流接触器		

三、检查评价

对任务的实施完成情况进行评分,评分标准见表2-1-8。

表2-1-8　评分标准

序号	考评内容	配分	扣分原因	扣分	得分
1	空气开关的选择	3	空气开关的选择不完整　扣1~2分 不会选择空气开关　扣3分		
2	熔断器的选择	3	熔断器的选择不完整　扣1~2分 不会选择熔断器　扣3分		

续表

序号	考评内容	配分	扣分原因		扣分	得分
3	热继电器的选择	3	热继电器的选择不完整	扣1~2分		
			不会选择热继电器	扣3分		
4	交流接触器的选择	11	交流接触器的选择不完整	扣1~10分		
			不会选择交流接触器	扣11分		
合计		20				

自我测试

一、填空题

1. 熔断器是在低压配电网络和电力拖动系统中起________保护作用的电器，使用时应将熔断器________接在被保护的电路中。

2. 通电试车完毕，停转切断电源后，应先拆除__________线，再拆除__________线。

3. 交流接触器主要由__________、__________、__________和__________四部分组成。

二、选择题

1. 熔断器的额定电流应(　　)所装熔体的额定电流。

A. 大于　　B. 大于或等于　　C. 小于

2. (　　)是交流接触器发热的主要部件。

A. 线圈　　B. 铁芯　　C. 触点

3. 一般情况下，热继电器中热元件的整定电流为电动机额定电流的(　　)倍。

A. 4~7　　B. 0.95~1.05　　C. 1.5~2

任务二　导线的连接

任务描述

导线连接是电工作业的一项基本工序,也是一项十分重要的工序,导线连接的质量直接关系到整个电路能否安全可靠地长期运行。

学习目标

一、知识目标

①导线连接和绝缘包扎的要求。
②导线选择的估算方法。

二、技能目标

①正确进行单股导线的平接和 T 接。
②正确进行多股导线的连接。
③正确进行导线连接后的绝缘处理。

知识准备

一、导线线径与安全载流量

电路图中,导线的选用主要依据电路中电流的大小来确定,表 2-2-1 所示为各种绝缘导线安全载流量。

表 2-2-1　各种绝缘导线的安全载流量

额定电流/A	10	16 20	25	32	40 50	63	80	100	125 140	160	180 225
导线截面积/mm^2	1.5	2.5	4	6	10	16	25	35	50	70	95

在实际应用中,可以根据导线的安全载流量对所要选择的导线进行估算。一般导线的安全载流量是根据所允许的线芯最高温度、冷却条件、敷设条件来确定的,一般铜导线的安全载流量为 5~8 A/mm^2,即 1 mm^2(单位面积)铜导线允许长

期通过的最大电流为 5~8 A；铝导线的安全载流量为 3~5 A/mm^2，即 1 mm^2(单位面积)铝导线允许长期通过的最大电流为 3~5 A。例如，2.5 mm^{2}BVV 铜导线安全载流量的推荐值为 2.5 mm^2×8 A/mm^2=20 A，4 mm^{2}BVV 铜导线安全载流量的推荐值为 4 mm^2×8 A/mm^2=32 A 。

【例题】 在功率为 4 kW 的三相异步电动机控制电路中，其主电路应该选用多大的导线？

解：该三相异步电动机的功率是 4 kW，依据电动机功率的计算公式 $P=\sqrt{3}U_{线}I_{线}\cos\phi$，有 $I_N \approx 2P$(kW)，(电工口诀：一个功率，两个电流)，电动机的额定电流为 8 A，主电路中导线的选用就以 8 A 为参考。若选择一般铜导线的安全载流量为 7 A/mm^2，则 8.8 A/(7 A/m^2) ≈ 1.26 mm^2，选用 1.5 mm^2 的铜导线。

二、导线的连接要求

①导线的裸露接头应用绝缘胶布密封包扎好，绝缘强度与原导线一样，要耐腐蚀。

②导线的接头应牢固可靠。其接触电阻不大于同截面、同类型、同长度导线的电阻值，挡距内接头的机械强度不应小于导线抗拉强度的 90%。

③不同金属、不同截面、不同绞向的导线严禁在档距内连接，要连接时应分别作连接后再作跳线方式连接。

④在一个挡距内，每根导线不应超过一个接头。

⑤导线连接的要求：接触紧密，接头电阻小，驳接牢固，稳定性好。

三、单股导线的平接(6 mm^2 以下的铜芯线常用)

①将去除绝缘层和氧化层的芯线两股“×”形交叉，互相在对方绞合 3~5 圈。

②将两线头自由端扳直，每根自由端在对方芯线上缠绕，缠绕长度为芯线直径的 6~8 倍，一般为 5~8 圈。离绝缘层 5~10 mm。

③剪去多余线头，修整毛刺。

单股导线平接方法示意图如图 2-2-1 所示。

四、单股导线的 T 接

①将支路芯线与干路芯线垂直相交，支路芯线留出 3~5 mm 裸线，将支路芯线在干路芯线上顺时针缠绕 6~8 圈，剪去多余部分，修除毛刺。

②对于较小截面芯线的 T 形连接，可先将支路芯线的线头在干路芯线上打一个环绕结，接着在干路芯线上紧密缠绕 5~8 圈。

单股导线 T 接方法示意图如图 2-2-2 所示。

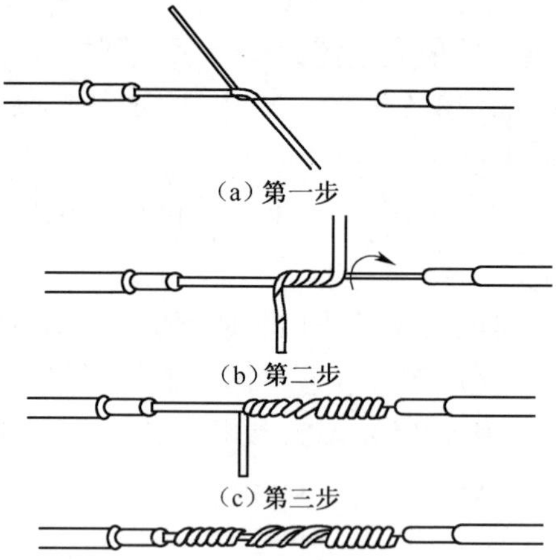

图 2-2-1　单股导线平接方法示意图

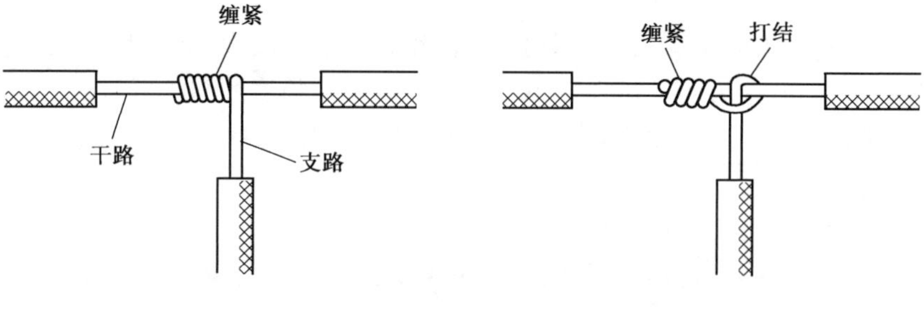

图 2-2-2　单股导线 T 接方法示意图

五、大截面单股铜芯线的平接(6 mm^2 及以上铜芯线)

①在两股线头重叠处填入一根直径相同的芯线,以增大接头处的接触面。

②用一根截面积在 1.5 mm^2 左右的裸铜线在上面紧密缠绕,缠绕长度为导线直径的 10 倍左右。

③用钢丝钳将芯线线头分别折回,将绑扎线继续缠绕 5~6 圈后剪去多余部分并修剪毛刺。大截面单股铜芯线平接方法示意图如图 2-2-3 所示。

六、导线平接的绝缘处理

①从线头一边距切口的 40 mm 处开始,使绝缘带与导线之间保持 45°~ 55°倾斜角,后一圈压在前一圈的 1/2 宽度的位置。

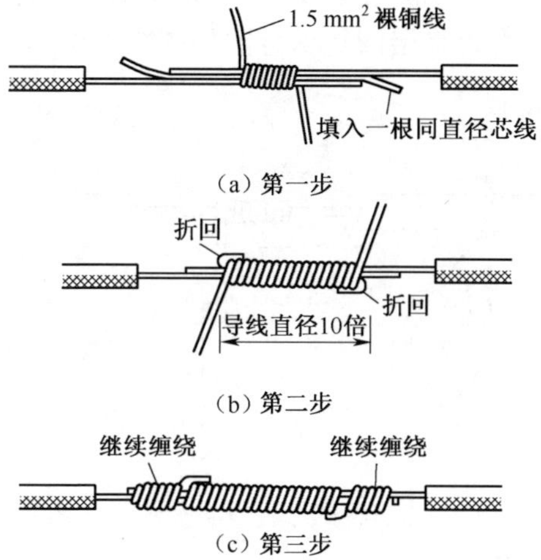

图 2-2-3　大截面单股铜芯线平接方法示意图

②第一层绝缘带包缠完后，用同样的方法沿着相反的方向在第一层绝缘带上再包缠一层绝缘带。

③包缠时，要用力拉紧，使之包缠紧密坚实，以免潮气进入。

导线平接接头绝缘层恢复示意图如图 2-2-4 所示。

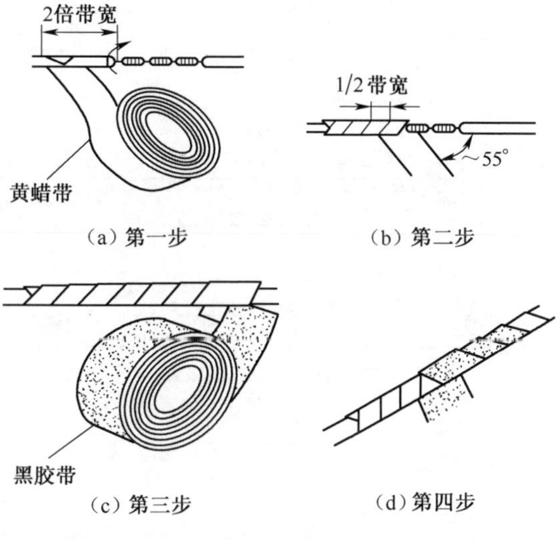

图 2-2-4　导线平接接头绝缘层恢复示意图

七、导线 T 接的绝缘处理

导线 T 接的绝缘处理方法与平接处理方法基本一致，绝缘带要走一个 T 字的来回,使每根导线上都包缠两层绝缘带,每根导线都应包缠到完好绝缘层的 2 倍胶带宽度处。导线 T 接头绝缘层恢复示意图如图 2-2-5 所示。

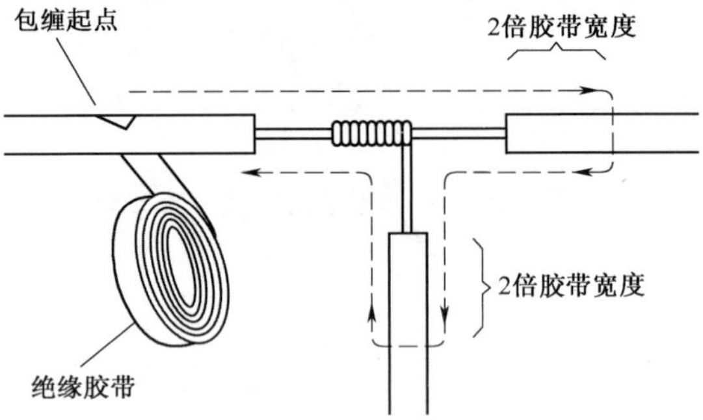

图 2-2-5　导线 T 接头绝缘层恢复示意图

八、多股导线的连接

将线芯分开单独进行连接,尽可能将各芯线的连接点互相错开位置,示意图如图 2-2-6 所示。

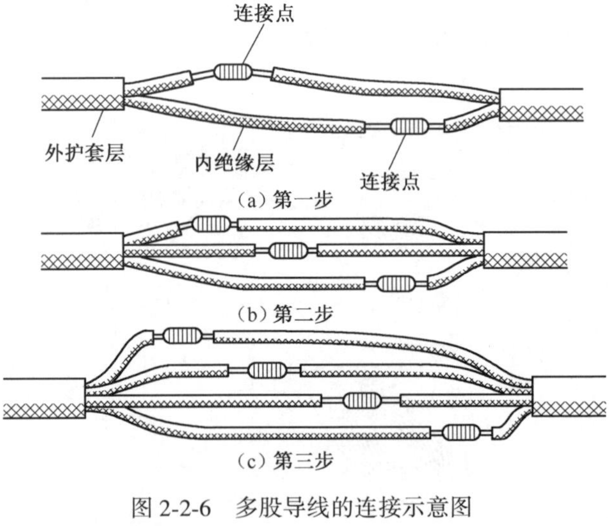

图 2-2-6　多股导线的连接示意图

任务实施

一、任务要求

①正确进行 1 mm^2 单股铜芯线的平接、T 接以及绝缘处理。

②正确操作多股导线的平接。

二、操作流程

1. 准备好工具和导线

①根据考证考核要求，准备好剥线钳、尖嘴钳等电工工具和导线。

②按照导线连接的操作方法进行导线连接的操作练习。

③按照绝缘处理的操作方法进行导线连接后绝缘处理的操作练习。

2. 安全文明生产

电工工具使用完后，应放置在指定的位置，并清理工作台面，保持工位整洁。

三、检查评价

对任务的实施完成情况进行评分，评分标准见表 2-2-2。

表 2-2-2　评分标准

序号	考评内容	配分	扣分原因	扣分	得分
1	运行操作	24	接线规范、可靠、紧密、合理　得满分 24 分 接线露铜处尺寸不均匀　每处扣 4 分 露铜处尺寸超标　每处扣 4 分 绝缘包扎不规范　每处扣 4 分		
2	安全作业环境	8	操作不规范　扣 4 分 工位不整洁　扣 2~4 分		
3	问答及口述	8	叙述导线的连接方法不完整　扣 1~8 分 根据给定的功率(或负载电流)，估算选择导线截面 回答问题未达到要求　扣 1~8 分		
4	否定项		接头连接不紧密，松动　扣 40 分		
合计		40			

自我测试

1. 负载为 7.5 kW 的三相异步电动机，主电路应该选择________ mm^2 的铜导线。

2. 进行单股导线的平接时，将去除绝缘层和氧化层的两股芯线作“×”形交叉，互相在对方绞合________圈。

任务三　三相异步电动机点动与连续运转控制电路的安装

任务描述

机床设备在正常工作时,一般需要电动机处于连续运转状态。但在试车或调整刀具与工件的相对位置时,又需要电动机能点动控制,实现这种工艺要求的电路是连续与点动混合正转控制电路。

学习目标

一、知识目标

①掌握连续与点动混合正转控制电路的构成、工作原理。
②掌握短路保护与过载保护的区别。
③掌握热继电器的作用;熟知热继电器和交流接触器如何选用。

二、技能目标

①能按照给定电路图进行正确接线。
②通电前能正确使用仪表检查电路、规范操作,工位整洁,确保不存在安全隐患。
③通电各项控制功能正常。
④安全文明生产,着装符合要求,操作规范。

知识准备

一、电动机单向连续带点动运转电路

图 2-3-1 所示电路是在启动按钮 SB1 的两端并联一个复合按钮 SB3 来实现连续与点动混合正转控制的,SB3 的常闭触点应与 KM 自锁触点串联。电路的工作原理如下:先合上电源开关 QS。

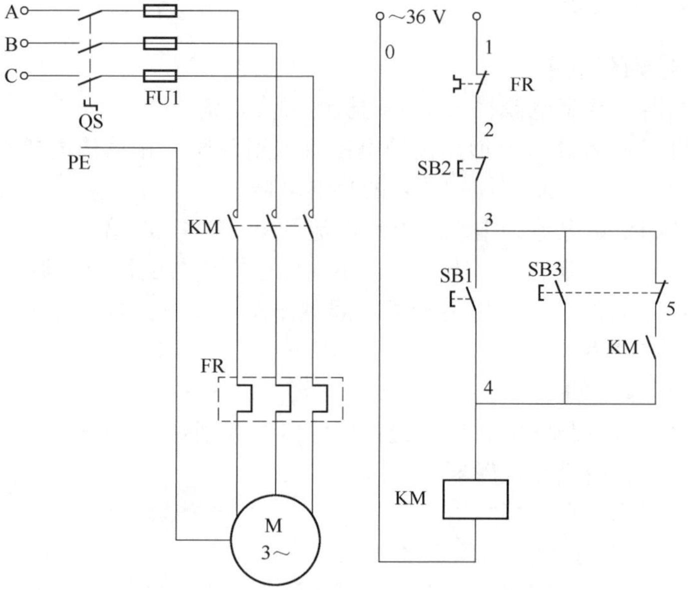

图 2-3-1　电动机单向连续带点动运转电路

1. 连续控制

启动：按下SB1 → KM线圈得电 → KM常开辅助触点闭合、KM主触点闭合 → 电动机M启动

停止：按下SB2 → KM线圈失电 → KM自锁触点分断、KM主触点分断 → 电动机M停转

2. 点动控制

启动：

按下SB3 → SB3常闭触点先分断切断自锁电路

按下SB3 → SB3常闭触点后闭合 → KM线圈得电 →

→ KM自锁触点闭合

→ KM主触点闭合 → 电动机M得电启动运转

停止：

松开SB3 → SB3常开触点先恢复分断 → KM线圈失电 →

松开SB3 → SB3常闭触点后恢复闭合（此时KM自锁触点已分断）

→ KM自锁触点分断、KM主触点分断 → 电动机M失电停转

停止使用时，断开电源开关 QS。

二、元器件的选用

1. 热继电器的选用

①热继电器的额定电流稍大于电动机的额定电流。

②电动机定子绕组作 Y 形连接的电动机选用普通三相结构的热继电器,作△形连接的电动机选用带断相保护装置的热继电器。

③热元件的整定电流为电动机额定电流的 0.95~1.05 倍。

热元件的整定电流的大小需要在控制现场根据负载的情况来调整,以(0.95~1.05)I_N 的大小为参考,使热继电器长时间工作而不动作为合适大小。

2. 接触器的选用

(1)选择接触器的类型

根据接触器所控制的负载性质选择接触器的类型:

①交流负载选用交流接触器。

②直流负载选择直流接触器。

(2)选择接触器主触点的额定电压

接触器主触点的额定电压应大于或等于所控制电路的额定电压。

接触器若使用在频繁启动、制动及正反转的场合,应将接触器主触点的额定电流降低一个等级使用。

(3)选择接触器主触点的额定电流

接触器主触点的额定电流应大于或等于负载的额定电流。

(4)选择接触器吸引线圈的额定电压

①控制电路简单,使用电器较少:选用 380 V 或 220 V。

②控制电路复杂,使用电器较多:选用 36 V 或 110 V。

任务实施

一、任务要求

①按照给定电路图进行正确接线。

②通电前正确使用仪表检查电路、规范操作,工位整洁,确保不存在安全隐患。

③通电各项控制功能正常。

④安全文明生产。

二、操作流程

1. 选用工具、仪表及确认器材

根据图 2-3-1 所示电路图,选用工具、仪表及确认器材。

2. 安装连续与点动混合正转控制电路

①识读电路图，明确电路使用电器元件及其作用，熟悉电路的工作原理。

②根据电路图确认元器件在控制柜中的位置，并进行质量检验。

③根据电路图选配合适的导线截面积、颜色。

④根据电路图按电路编号顺序接线，一般先接主电路的布线，再接控制电路的布线。

⑤安装电动机。

⑥连接电动机和所有电器元件金属外壳的保护接地线。

⑦连接电源、电动机等的导线。

⑧电路自检。

⑨交验。

⑩通电试车。

三、检查评价

对任务的实施完成情况进行评分，评分标准见表 2-3-1。

表 2-3-1　评分标准

序号	考评内容	配分	扣分原因	扣分	得分
1	运行操作	24	无点动功能　扣 6 分 无连续功能　扣 6 分 不能停止　扣 12 分 露铜　每处扣 1 分 接线松动　每处扣 2 分 接地线少接　每处扣 4 分		
2	安全作业环境	8	操作不规范　扣 4 分 工位不整洁　扣 2~4 分		
3	问答及口述	8	叙述短路保护与过载保护的区别不完整　扣 2~6 分 叙述不正确　扣 8 分		
4	否定项	通电不成功、跳闸、熔断器烧毁、损坏设备、违反安全操作规范　扣 40 分			
合计		40			

自我测试

1. 负载为 5.5 kW 的三相异步电动机，应选额定电流为________的交流接触器。

2. 热继电器使用时，要将________串联在主电路中，________串联在控制电路中。

任务四　三相异步电动机正反转电路接线的安装

任务描述

在实际生产中,机床工作台需要前进与后退;万能铣床的主轴需要正转与反转;起重机的吊钩需要上升与下降。实现这种工艺要求的电路就是电动机正反转电路。

学习目标

一、知识目标

①掌握电动机正反转电路的构成、工作原理。

②掌握保护接零和保护接地的区别。

③掌握控制按钮、电动机用的熔断器的熔体或断路器的选用。

二、技能目标

①根据给定电路图,选择合适的元器件进行电路连接。

②通电前正确使用仪表检查电路、规范操作,工位整洁,确保不存在安全隐患。

③通电各项控制功能正常。

④正确回答问题:如何正确使用控制按钮;如何正确选择电动机用的熔断器的熔体或断路器;如何正确选用保护接地、保护接零。

知识准备

一、三相异步电动机正反转电路

图 2-4-1 所示为三相异步电动机正反转电路,电路中采用了两个接触器,即正转用的接触器 KM1 和反转用的接触器 KM2,它们分别由正转按钮 SB1 和反转按钮 SB2 控制,其中两个复合按钮的常闭触点分别串联在对方的控制电路中,从而实现按钮和接触器双重联锁正反转控制,使电路操作方便,工作安全可靠。电路

的工作原理如下：先合上电源开关 QS。

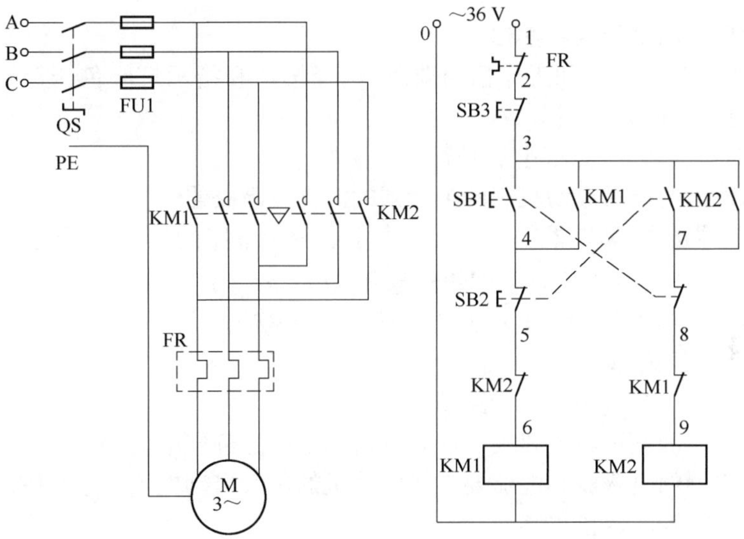

图 2-4-1　三相异步电动机正反转控制电路

1. 正转控制

按下SB1
- → SB1常闭触点先分断对KM2联锁（切断反转控制电路）
- → SB1常开触点后闭合 ——→ KM1线圈得电 ——→
  - → KM1自锁触点闭合自锁 ——→ 电动机M启动连续正转
  - → KM1主触点闭合 ——┘
  - → KM1连锁触点先分断对KM2连锁（切断反转控制电路）

2. 反转控制

按下SB2
- → SB2常闭触点先分断 → KM1线圈失电
  - → KM1自锁触点分断解除自锁 → 电动机M失电
  - → KM1主触点分断 ——┘
  - → KM1连锁触点恢复闭合 → KM2线圈得电 →
- → SB2常开触点后闭合 ——┘
  - → KM2自锁触点闭合自锁 ——→ 电动机M启动连续反转
  - → KM2主触点闭合 ——┘
  - → KM2连锁触点分断对KM1连锁（切断正转控制电路）

3. 停止

按下 SB3，整个控制电路失电，主触点分断，电动机 M 失电停转。

二、元器件的选用

1. 如何正确使用控制按钮

①按工作状态指示和工作情况要求，选择按钮和指示灯颜色(红色：紧急；黄色：异常；绿色：正常)。

②核对按钮额定电压、电流是否满足要求。

2. 如何正确选用电动机用的熔断器的熔体或断路器

①熔断器选择：熔断器额定电压应大于或等于电路的工作电压($U_{\mathrm{N}} \geqslant U_{\mathrm{L}}$)，额定电流必须大于或等于所装熔体的额定电流($I_{\mathrm{N}} \geqslant I_{\mathrm{RN}}$)。

②熔体选择：熔体额定电流大于电动机额定电流。

③断路器的选择：

- 选择电压等级相符的断路器。
- 断路器的额定电流要大于或等于所用电路的额定电流。
- 断路器的电磁脱扣电流要大于电动机的最大启动电流($I_{\text{脱}} = 10I_{\mathrm{N}\text{电}}$)。

3. 保护接地和保护接零

①保护接地：将正常情况下不带电，但由于绝缘破损可能带电的设备金属部分与接地体进行可靠连接的一种保护。

②保护接零：将平时不带电的设备外露金属部分与用导线与系统进行直接相连的方式。

任务实施

一、任务要求

①能按照给定电路图进行正确接线。

②通电前能正确使用仪表检查电路、规范操作，工位整洁，确保不存在安全隐患。

③通电各项控制功能正常。

④安全文明生产，着装符合要求，操作规范。

二、操作流程

1. 选用工具、仪表及确认器材

根据图 2-4-1 所示电路图，选用工具、仪表及确认器材。

2. 安装三相异步电动机正反转控制电路

①识读电路图，明确电路使用电器元件及其作用，熟悉电路的工作原理。

②根据电路图确认元器件在控制柜中的位置，并进行质量检验。

③根据电路图选配合适的导线截面积、颜色。

④根据电路图按电路编号顺序接线，一般先接主电路的布线，再接控制电路的布线。

⑤安装电动机。

⑥连接电动机和所有电器元件金属外壳的保护接地线。

⑦连接电源、电动机等的导线。

⑧电路自检。

⑨交验。

⑩通电试车。

三、检查评价

对任务的实施完成情况进行评分，评分标准见表2-4-1。

表2-4-1　评分标准

序号	序号	配分	扣　分　原　因	扣分	得分
1	运行操作	20	无正转功能或无反转功能　扣6分 不能停止　扣12分 露铜　每处扣1分 接线松动　每处扣2分 接地线少接　每处扣4分		
2	安全作业环境	8	操作不规范　扣4分 工位不整洁　扣2~4分		
3	问答及口述	12	叙述控制按钮使用不完整　扣1~4分 叙述熔体或开关选择不完整扣1~4分 叙述保护接地、保护接零不完整　扣1~4分 叙述电流表、互感器的选用不全　扣2~6分 已知电路电流为80 A，试为其选择电流表、电流互感器回答不完整　扣2~6分		
4	否定项	通电不成功、跳闸、熔断器烧毁、损坏设备、违反安全操作规范　扣40分			
合　计		40			

自我测试

1. 负载为5.5 kW的三相异步电动机，主电路中应选额定电流为________的熔断器。

2. 按钮的触点允许通过的电流较________，一般不超过________A。

任务五　带电流互感器、电流表的三相异步电动机连续运转电路的安装

任务描述

某食品生产线由一台三相异步电动机控制。三相异步电动机在运转过程中需要及时掌握电动机三相电流的情况,因此,在三相异步电动机连续运转电路中安装电流互感器和电流表。

学习目标

一、知识目标

①电流互感器、电流表的选择、用途及使用注意事项。
②三相异步电动机连续运转电路原理。

二、技能目标

①正确安装电流互感器、电流表。
②完成三相异步电动机连续控制电路接线。

知识准备

一、电流互感器

1. 电流互感器的构造及原理

电流互感器实际上是一个降流变压器,能把一次[侧]的大电流变换成二次[侧]的小电流。一般电流互感器二次[侧]的额定电流为5 A(或1 A)。由于变压器的一次[侧]、二次[侧]电流之比,与一次[侧]、二次[侧]的匝数成反比,所以,电流互感器一次侧的匝数远小于二次[侧]匝数,一般只有一匝到几匝。电流互感器的接线图和符号如图2-5-1所示。使用时,将一次[侧]与被测电路串联,二次[侧]与电流表串联,由于电流表的内阻一般都很小,所以电流互感器在正常工作状态时,接近于变压器的短路状态。

电流互感器的一次[侧]额定电流 I_{1N} 与二次[侧]额定电流 I_{2N} 之比,叫作电

流互感器的额定电流比,用 K_{TA} 表示,即

$$K_{TA} = I_{1N}/I_{2N}$$

每个电流互感器的铭牌上都标有它的额定电流比。测量时可根据电流表的指示值 I_2 计算出一次侧被测电流的数值,即

$$I_1 = K_{TA} \cdot I_2$$

同理,对与电流互感器配合使用的电流表,也可按一次侧电流直接进行刻度。例如,按 5 A 设计制造,K_{TA} = 400/5 的电流互感器配合使用的电流表,其标度尺可直接按 400 A 进行刻度,如图 2-5-2 所示。

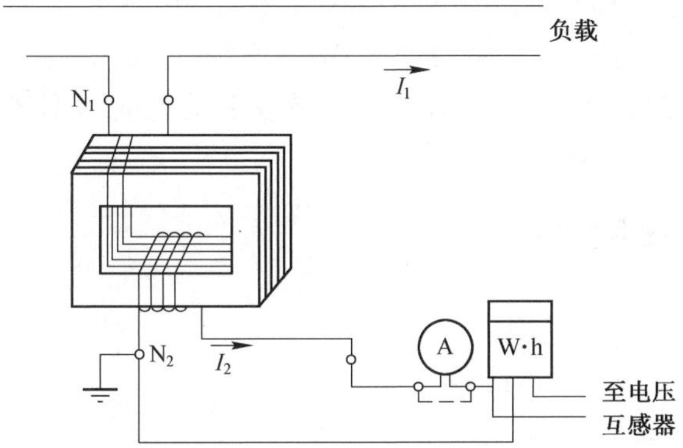

（a）接线图

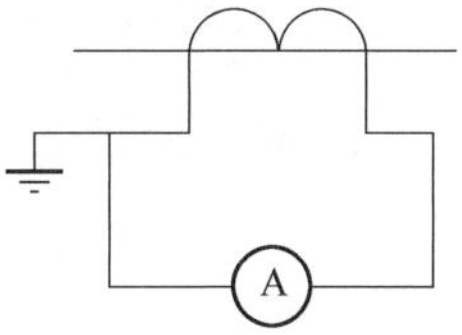

（b）电流互感器的符号

图 2-5-1　电流互感器的接线图和符号

图 2-5-2　与电流互感器配合使用的交流电流表

2. 电流互感器的正确使用

①要正确接线。将电流互感器的一次侧与被测电路串联,二次侧与电流表(或仪表的电流线圈)串联。对功率表、电能表等转动力矩与电流方向有关的仪表,当其与电流互感器配合时,还要注意电流互感器的极性,极性反接会导致仪表指针反转,电流互感器一次侧、二次侧的 L1 和 K1、L2 和 K2 是同名端(注:K1 与 K2 均为电流互感器二次侧)。

②电流互感器的二次侧在运行中绝对不允许开路。因此,在电流互感器的二次侧回路中严禁加装熔断器。运行中需要拆除或更换仪表时,应先将电流互感器的二次侧短路后再进行操作。为使用方便,有的电流互感器中装有供短路用的开关。

③电流互感器的铁芯和二次侧的一端必须可靠接地,以确保人身和设备的安全。

④接在同一互感器上的仪表不能太多,否则接在二次侧的仪表消耗的功率将超过互感器二次侧的额定功率,从而导致测量误差增大。

二、三相异步电动机连续运转控制电路

1. 电路原理图(见图 2-5-3)

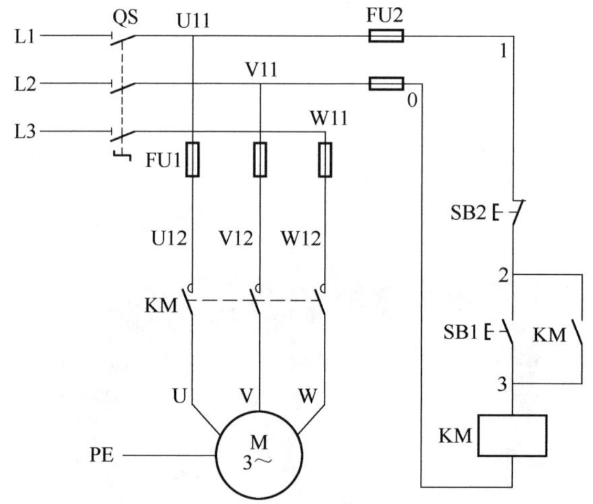

图 2-5-3　三相异步电动机连续正转控制电路

2. 电路的工作原理

①先合上电源开关 QS。

启动:按下SB1→KM线圈得电→KM主触点闭合、KM常开辅助触点闭合→电动机M启动连续运转

停止:按下SB2→KM线圈失电→KM主触点分断、KM自锁触点分断→电动机M失电停转

②停止使用时，断开电源开关 QS。

3. 各元件的作用

①熔断器：短路保护。

②接触器：失电压和欠电压保护。

三、电流表、电流互感器的选用

1. 电流表选用原则

电流表刻度量程与电流互感器一次电流相等；测量量程与电流互感器二次电流一致。

2. 电流互感器选用原则

按电路最大的计算负荷电流选择电流互感器的一次电流；按电路电压等级选择电流互感器的电压等级，低压电路选 500 V。

3. 设置某电路电流（例如 80 A）时，正确选择电流表、电流互感器

选电流比为 100/5 的电流互感器，选择量程为 5 A 的电流表。

任务实施

一、任务要求

①正确选择电气元器件。

②正确安装带电流互感器、电流表的三相异步电动机连续运转电路。

- 按照给定电路图选择合适元器件及绝缘导线进行正确接线。
- 通电前正确使用仪表检查电路、规范操作，工位整洁，确保不存在安全隐患。
- 通电各项控制功能正常，电流表正常显示。
- 正确回答问题：电流表、电流互感器的选用原则；设置某电路电流（例如 80 A）时，如何正确选择电流表、电流互感器。

③正确使用仪表检测电路。

二、操作流程

①安装带电流互感器、电流表的三相异步电动机连续运转电路，如图 2-5-4 所示。

②安全文明生产，着装符合要求，操作规范。

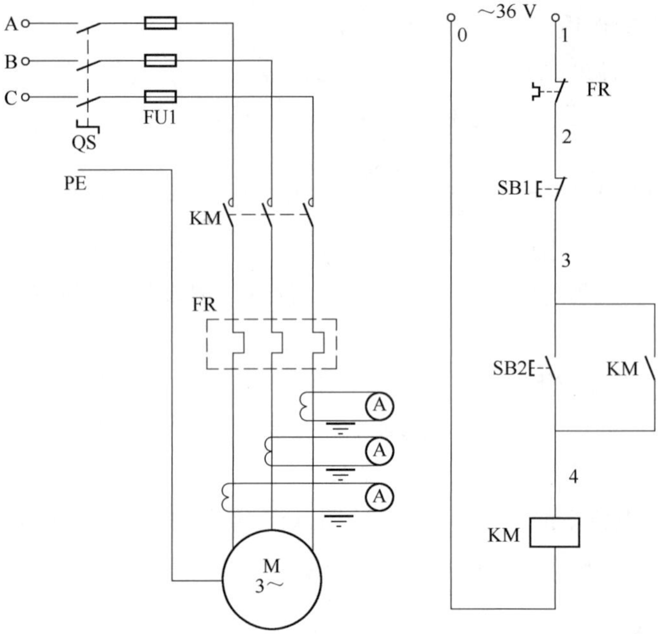

图 2-5-4　带电流互感器、电流表的三相异步电动机连续运转电路

三、检查评价

对任务的实施完成情况进行评分,评分标准见表 2-5-1。

表 2-5-1　评分标准

序号	考评内容	配分	扣分原因		扣分	得分
1	运行操作	24	无点动功能 无连续功能 不能停止 露铜 接线松动 接地线少接	扣 6 分 扣 6 分 扣 12 分 每处扣 1 分 每处扣 2 分 每处扣 4 分		
2	安全作业环境	8	操作不规范 工位不整洁	扣 4 分 扣 2~4 分		

续上表

序号	考评内容	配分	扣分原因	扣分	得分
3	问答及口述	8	叙述短路保护与过载保护的区别不完整　扣 2~6 分 叙述不正确　扣 8 分		
			叙述电流表、互感器的选用不全　扣 2~6 分 已知电路电流为 80 A,试为其选择电流表、电流互感器,回答不完整　扣 2~6 分		
4	否定项	通电不成功、跳闸、熔断器烧毁、损坏设备、违反安全操作规范　扣 40 分			
合　计		40			

自我测试

1. 电流互感器工作时相当于普通变压器(　　)运行状态。

A. 开路　　B. 短路　　C. 带负载

2. 电流互感器铭牌上的额定电压是指(　　)。

A. 一次绕组的额定电压　　B. 二次绕组的额定电压

C. 一次绕组对地和对二次绕组的绝缘电压

3. 一般电流互感器,其误差的绝对值随着二次负荷阻抗的增大而(　　)。

A. 减小　　B. 增大　　C. 不变

4. 测量电流时,电流表与被测电路(　　)。

A. 串联　　B. 并联　　C. 正联

5. 钳型电流表是利用(　　)的原理制造的。

A. 电压互感器　　B. 电流互感器　　C. 变压器

任务六　单相电能表带照明灯电路的安装

任务描述

单相电能表,又称电度表,是用来计量普通民用家庭电路中用电量的设备。

通过对单相电能表及荧光灯电路的理论学习与实际操作,了解单相电能表的结构,理解单相电能表的工作原理,掌握单相电能表与荧光灯的配电电路原理,并能对单相电能表与荧光灯电路进行正确配线。

学习目标

一、知识目标

①单相电能表的结构、原理和使用场合。
②照明电路的结构及各器件的作用。

二、技能目标

①正确安装单相电能表。
②正确安装照明电路。

知识准备

一、单相电能表

单相电能表的外形如图 2-6-1 所示,在电能表的铭牌上都标有一些字母和数字,例如 DD862-4 是电能表的型号,DD 表示单相电能表,数字 862 为设计序号,数字 4 表示最大电流与额定电流的倍数。一般家庭选用 DD 系列的电能表,设计序号可以不同,220 V、50 Hz 是电能表的额定电压和工作频率,2. 5(10) A 是电能表的标定电流值和最大电流值,1 440 r/(kW · h)表示电能表的额定转速。

图 2-6-1　单相电能表

1. 单相电能表的结构

单相电能表主要由电压线圈、电流线圈、铝盘、永久磁铁、计数器组成，单相电度表的结构如图 2-6-2 所示。

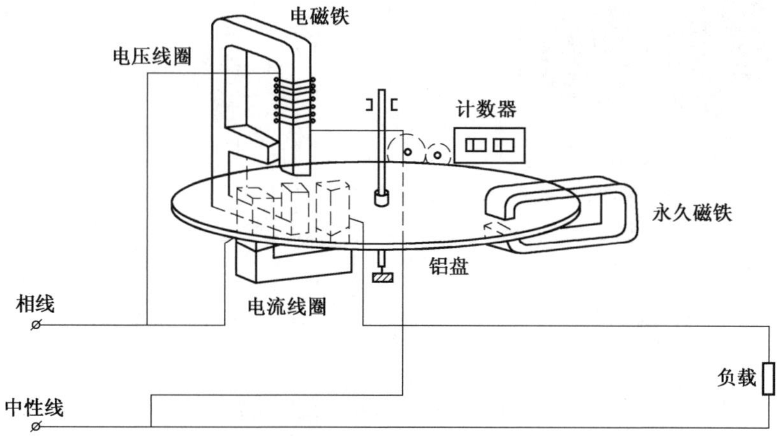

图 2-6-2　单相电能表的结构

2. 单相电能表的工作原理

电能表接入电路后，电压线圈和电流线圈产生两个相位不同的磁通，形成了移动磁场，这个磁场在铝盘上感应出涡流。由于涡流与磁通的作用使铝盘上产生一定方向的转动力矩，因而铝盘匀速转动于永久磁铁间隙中，通过铝盘轴上的蜗杆、蜗轮带动计数器机构。

3. 单相电能表的安装场所及安装高度

单相电能表安装在较干燥和清洁、不易损坏及振动、无腐蚀性气体、不受强磁影响、较明亮以及便于装拆表和抄表的地方。三相供电的表位线应装在屋内，市镇低压单相供电的表位线应装在屋外，屋内低压表位，宜装在进门后 3 m 内。安装高度一般为 1. 7~1. 9 m。如果上下两列布置，上表底箱对地面的高度不应超过 2. 1 m。

4. 单相电能表的配电电路

①单相电能表的配电电路实物图与原理图如图 2-6-3 所示。

②单相电能表的接线。单相电能表的接线应遵从发电机端守则，即电能表的电流线圈与负载串联，电压线圈与负载并联，两线圈的发电机端应接电源的同一极性端。为接线方便，单相电能表都有专门的接线盒，盒内有 4 个端钮，如图 2-6-3 所示。连接时要按照 1、3 端接电源，2、4 端接负载，应注意左中性线(俗称零线)右相线的原则。

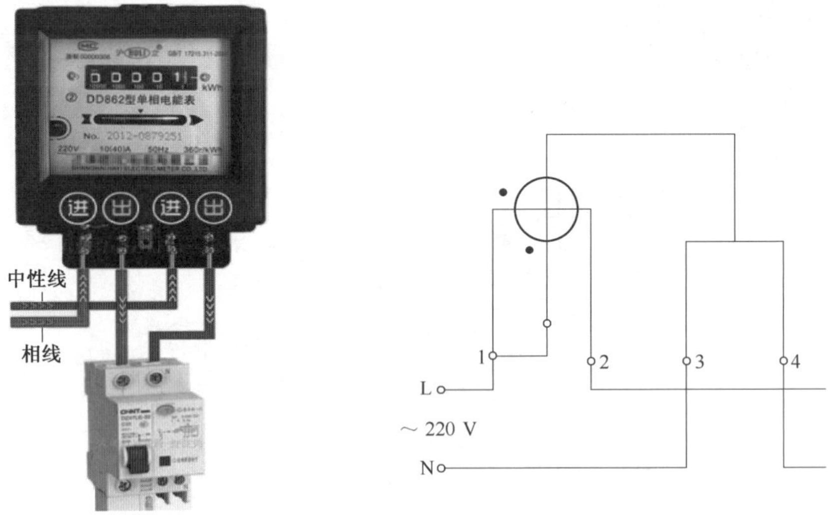

图 2-6-3　单相电能表的配电电路实物图与原理图

二、照明灯电路

1. 荧光灯电路的组成

电感式荧光灯主要由荧光灯管、辉光启动器(简称启辉器)、镇流器、支架所组成;电子式荧光灯主要由荧光灯管、电子启动镇流器、支架所组成。荧光灯实物图与原理图如图 2-6-4 所示。

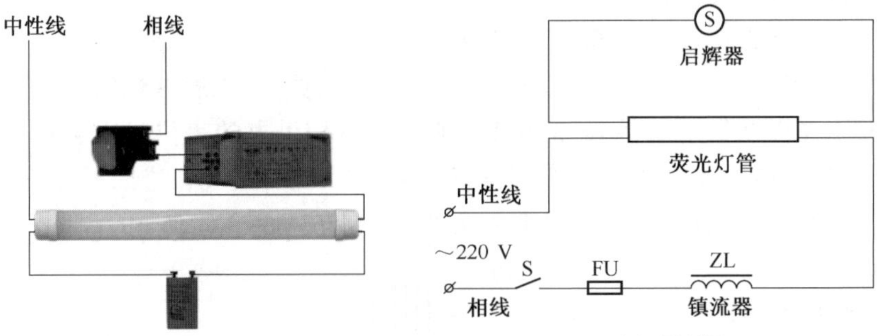

(a) 实物图　　(b) 原理图

图 2-6-4　荧光灯实物图与原理图

2. 各元器件的作用

镇流器的作用应与荧光灯管的功率相符合(例如,40 W 的灯管要选择 40 W 的镇流器),其作用是在灯管点亮前产生脉冲高电压,灯管点亮后起降压和限流作用。

电容器的作用主要是补偿感性负载，提高荧光灯电路的功率因数，使荧光灯的功率因数达到 0.8 以上。

启辉器由氖泡和纸介电容组成，氖泡内有静触片和动触片（双金属片）。启辉器是一个预热荧光灯灯丝，并提高灯两端电压，以利于点亮灯管的自动启动开关。

灯管内壁涂有荧光粉，灯丝通过电流时，发射大量电子，激发荧光粉发出白光。

3. 电路工作原理

①启辉阶段：接通电源，电源电压全部加在启辉器动、静触片之间，氖气辉光放电，发出红光；双金属片受热膨胀伸展，与静触片接触，电路接通，电流通过镇流器和灯丝，灯丝预热；辉光放电停止后，双金属片冷却收缩，与静触片断开，镇流器中电流突然中断，在自感作用下，产生较高的脉冲电压，加在灯管两端，引起灯管内水银蒸气弧光放电，辐射出紫外线，激发管壁上的荧光粉发出白光。

②工作阶段：灯管启辉后，镇流器由于其高电抗，两端电压增大；启辉器两端电压大为减小，氖气不再辉光放电，电流由灯管内气体导电形成回路，灯管进入工作状态。

三、安装单相电能表带照明灯电路相关要求

1. 灯具、开关安装的高度

灯具安装在室内干燥场所：不低于 1.8 m；危险和室内较潮湿场所：不低于 2.5 m；室外固定安装：不低于 3 m。墙边开关：1.3 ~1.5 m；拉线开关：2 ~3 m；总开关：1.8~2 m。

2. 插座安装规程

①一般场所距地面高度不低于 1.3 m；托儿所及小学不低于 1.8 m；车间和实验室不低于 0.3 m。

②不同电压等级的插座有明显区别，不能互换使用。

③暗装插座必须有牢固的保护盖板。

④两孔插座“左中性线，右相线”；单相三孔、三相四孔插座，上孔接地。

3. 电能表表位线的有关规定

低压表位线采用额定电压为 500 V 的绝缘导线，导线载流量应与负荷相适应。其最小截面：铜芯不小于 1.5 mm^2，铝芯不小于 4 mm^2，表位线中间不应有接头，铜铝不能直接连接。

4. 漏电保护器的正确选择和使用

①额定工作电压与负载电压相匹配；额定工作电流与负载电流相匹配；开关

极数与负载类型相匹配。

②居民住宅、办公室:选漏电动作值 30 mA,动作时间为 0.1 s 漏电保护开关。

③分级保护:低压系统总保护或支干线保护的动作电流大于分支线动作电流,同时分支线保护动作时间小于总保护动作时间,保证分支线发生漏电故障时不越级跳闸。

任务实施

一、任务要求

①能正确选择电气元器件。

②正确安装单相电能表带照明灯电路。

- 按照给定电路图选择合适元器件及绝缘导线进行正确接线。
- 通电前正确使用仪表检查电路、规范操作,工位整洁,确保不存在安全隐患。
- 通电各项控制功能正常。
- 正确回答问题:电能表的基本结构与原理;荧光灯电路的组成;漏电保护器的正确选择和使用。

二、操作流程

①安装单相电能表带照明灯电路,接线原理如图 2-6-5 所示。

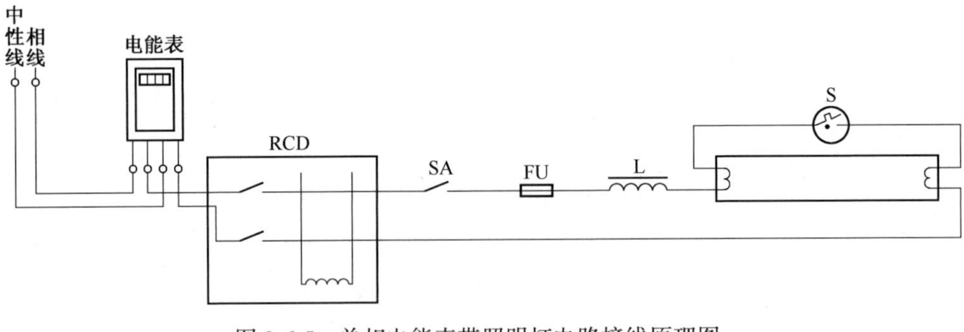

图 2-6-5　单相电能表带照明灯电路接线原理图

②安全文明生产,着装符合要求,操作规范。

三、检查评价

对任务的实施完成情况进行评分,评分标准见表 2-6-1。

表 2-6-1　评分标准

序号	考评内容	配分	扣分原因	扣分	得分
1	运行操作	20	电能表接线错误或照明灯接线错误　扣 12 分 相线、中性线接反　扣 12 分 露铜过长　每处扣 1 分 接线松动　每处扣 2 分		
2	安全作业环境	8	操作不规范　扣 4 分 工位不整洁　扣 2~4 分		
3	问答及口述	12	叙述电能表的结构与原理不完整　扣 1~4 分 叙述荧光灯电路不完整　扣 1~4 分 叙述漏电保护器的选择和使用不完整　扣 1~4 分		
4	否定项		通电不成功、跳闸、熔断器烧毁、损坏设备、违反安全操作规范　扣 40 分		
合　计		40			

自我测试

一、填空题

1. 荧光灯电路主要由＿＿＿＿＿＿＿＿＿＿等器件组成。

2. 镇流器是具有＿＿＿＿的电感线圈，灯管启辉后，利用其＿＿＿＿限制灯管电流，延长灯管使用寿命。

3. 启辉前，启辉器的动、静触片处于＿＿＿＿位置；启辉结束，灯管进入工作状态，动、静触片处于＿＿＿＿位置。

4. 接通电源，氖气辉光放电，使双金属片受热膨胀伸展，与静触片＿＿＿＿，电路导通。

5. 单相电度表的结构有＿＿＿＿＿＿＿＿＿＿＿＿＿＿＿＿。

二、判断题

1. 灯管启辉后，管内电阻下降，镇流器两端电压增大，加在氖泡两端电压大幅

降低,不再引起辉光放电。 (　　)

2. 灯管工作时,启辉器处于断开位置。 (　　)

3. 启辉器内,纸介电容去掉后,不再使灯管启辉。 (　　)

4. 在荧光灯从启辉到工作的整个过程中,启辉器的动、静触片分别经过断开、接触、断开的3个阶段。 (　　)

科目三

作业现场安全隐患排查

任务一　电焊作业现场安全隐患的排查

任务描述

电工在进行相关作业时,由于安全意识不够、安全防护措施不到位或操作不规范,会存在一定的安全隐患,这些隐患如果不能及时排除,就会有发生安全事故的危险,因此,掌握相关场所安全隐患的排除方法及操作规范至关重要。

学习目标

一、知识目标

熟知相关作业的操作规范。

二、技能目标

①正确观察和判断作业现场存在的安全风险。
②排除作业现场存在的安全风险。

知识准备

一、电气安全的重要性

电力的广泛使用促进了经济的发展,丰富了人们的生活。但是,在电力的生产、配送、使用过程中,电力电路和电气设备在安装、运行、检修、试验过程中,会因电路或设备的故障、人员违章行为或大自然的雷击、风雪等原因酿成触电事故、电力设备事故或电气火灾、爆炸事故,导致人员伤亡,电路或设备损毁,造成重大经济损失,这些电气事故引起的停电还会造成严重后果。

从实际发生的事故中可以看到,70% 以上的事故都与人为过失有关,有的是不懂得电气安全知识或不掌握安全操作技能,有的是忽视安全、麻痹大意或冒险蛮干、违章作业。因此,必须高度重视电气安全问题,采取各种有效的技术措施和管理措施,防止电气事故,保障安全用电。

二、维修电工必须具备的条件

维修电工必须接受安全教育,在掌握基本安全知识和工作范围内的安全技术规范后，才能进行实际操作。

1. 电工职业道德规范

①忠于职业责任，做好本职工作，对自己的工作质量负责；运行人员认真巡视、检查，不使设备“带病坚持工作”；维修人员除应排除设备已发生的故障外，对可能发生的故障的隐患部位也要妥善处理好。

②遵守职业纪律。以下几种情况应警惕：

- 以电谋私。
- 窃电或指导他人窃电。
- 故意制造故障。
- 以电击作为取笑手段或以电击作为某种防范措施。

③交流电工的专业技术和安全操作技术。知识是不断地发展与创新的，因此，应不断学习与巩固。

④团队协作。电工作业往往不是一个人能独立完成的，在共同完成一项工作时，必须协作。尤其是带电作业，如果没有良好的配合，可能会造成重大事故。

2. 电工作业人员的安全职责

电力的广泛应用，使从事电工作业的人员广泛分布在各行各业。电工作业过程可能存在如触电、高处坠落等危险，直接关系到电工的人身安全。电工作业人员要切实履行好安全职责。确保自己、他人的安全和各行各业的安全用电。作为一名合格的电工，应履行好以下职责：

①认真贯彻执行有关用电安全规范、标准、规程及制度，严格按照操作规程进行作业。

②负责日常现场临时用电安全检查、巡视和检测，发现异常情况采取有效措施，防止发生事故。

③负责日常电气设备、设施的维护和保养。

④负责对现场用电人员进行安全用电操作安全技术交底，做好用电人员在特殊场所作业的监护工作。

⑤积极宣传电气安全知识，维护安全生产秩序，有权制止任何违章指挥或违章作业。

三、安全用电基础知识

1. 安全用电常识

电工不仅要充分了解安全用电常识，还有责任阻止不安全用电的行为，宣传用电安全常识。安全用电常识包括：

①严禁用“一线”（相线）和“一地”（指大地）安装用电器具。

②在一个插座上不可接过多或功率过大的用电器。

③不掌握电气知识和技术的人员,不可安装和拆卸电气设备及电路;不可用金属丝绑扎电源线;不可用湿手接触带电的电器(如开关、灯座等),更不可用湿布揩擦电器。

④堆放和搬运各种物资以及安装其他设备,要与带电设备和电源线相距一定的安全距离。

⑤在搬运电钻、电焊机和电炉等可移动电器时,要先切断电源,不允许拖拉电源线来搬移电器。

⑥在潮湿环境中使用可移动电器,必须采用额定电压为 36 V 的低压电器,若采用额定电压为 220 V 的电器,其电源必须采用隔离变压器;在金属容器(如锅炉、管道)内使用移动电器,必须是额定电压为 12 V 的低压电器,并要加接临时开关,还要有专人在容器外监护;低压电器应装设特殊的插头,以防误插入电压较高的插座。

2. 安全用电的措施

安全用电的措施具体指组织措施和技术措施,其内容和要求见表 3-1-1。

表 3-1-1　安全用电的措施

措施		具体要求
组织措施		①制定必要而合理的规章制度,如根据不同的电气工种建立各种安全操作规程; ②定期进行安全检查,最好每季度进行一次,特别应该注意雨季前和雨季中的安全检查; ③通过岗位培训和组织学习等形式进行安全教育; ④建立安全技术档案
技术措施	绝缘措施	保护带电体之间,或者带电体对人或对地之间的有效绝缘,一般采用固体绝缘
	屏护措施	当电气设备不便于绝缘或绝缘不足以保证安全时,应采取屏护措施,常用的屏护装置有遮栏、护罩和护盖
	设置障碍物	设置障碍物可以防止无意触及或接近带电体,但不能防止绕过障碍物而触及带电体
	间隔措施	间隔措施要求保持一定的间隔距离,防止触及带电体,通常应保持在伸直手臂触及的范围外
	漏电保护	漏电保护装置只能用作附加保护,不能单独使用,漏电保护的动作电流应整定在 30 mA 以下
	安全电压	安全电压等级的选择必须视用电地点的不同而定,不允许利用自耦调压器获得低电压

四、安全及文明施工措施

1. 用电安全措施

(1)接地安全措施

在施工现场专用的中性点直接接地电力电路中采用TN-S接零保护系统,电气设备的金属外壳必须与专用的保护接零线连接。地下室等潮湿或条件特别恶劣的施工场地,电气设备必须采用保护接零。保护零线不得装设开关或熔断器,且应单独敷设,不作他用。重复接地线应与保护接零线相连接。保护接零线的截面应不小于工作零线的截面,同时必须满足机械强度的要求。与电气设备相连接的保护接零线应为截面积不小于2.5 mm^2 的绝缘多股铜线,其统一标识为黄绿双色线,在任何情况下不得将黄绿双色线用作负荷线。保护接零正常工作时,下列电气设备不带电的外露导线部分应做保护接零:电动机、变压器、照明器具、手持电动工具的金属外壳、电力电路金属保护管、敷设的钢索等。接地与接地电阻保护接零线除必须在配电室或总配电箱处重复接地外,还必须在配电电路的中间处或末端处重复接地。保护接零线每一处重复接地的接地电阻值应不大于10 Ω。在工作接地电阻值允许达到10 Ω的电力系统中,所有重复接地的等效电阻值应不大于10 Ω。

(2)配电箱及开关箱

①动力配电箱与照明配电箱采用分别设置方式。

②配电箱、开关箱内的工作接零线应通过接线端子板连接,并应与保护接零线接线端子板分设。

③配电箱和开关箱的金属箱体、金属电器安装板以及箱内电器的不应带电金属底座、外壳等必须做保护接零,保护接零线应通过接线端子板连接。

(3)手持电动工具

①建立和执行专人专机负责制,并定期检查和保养。

②手持电动工具通电前应做好保护接地或保护接零。

③电动机械或手持电动工具的负荷线,必须按其容量选用无接头的多股铜芯橡皮护套软电缆。其中,黄绿双色线在任何情况下都只能用作保护接零线或重复接地线。

④每台电动机械或手持电动工具的开关箱内,除应装设过负荷、短路、漏电保护装置外,还必须装设隔离开关。

(4)照明器具

①照明器具的质量均应符合相关标准、规范的规定,不得使用绝缘老化或破损的器具。

②一般场所选用额定电压为220 V的照明器具,但对于下列特殊场所应使用

安全电压照明器具:

- 在地下工程或灯具离地面高度低于2.4 m的场所,电源电压应不大于36 V。
- 在潮湿和易触及带电体的场所,电源电压应不大于24 V。
- 在特别潮湿的场所、导电良好的地面或金属容器内工作的照明器具,电源电压应不大于12 V。

③严禁将行灯变压器带进金属容器或金属管道内使用。

2. 高处作业安全措施

凡在坠落高度基准面2 m以上(含2 m)有可能坠落的高处进行作业,均应采取下列安全措施:

①施工前,先逐级进行安全技术教育及交接,落实所有安全技术措施和人身防护用品。

②高处作业中的安全标识、工具、仪表、电气设施和各种设备,在施工前加以检查,确认其完好后,再投入使用。

③施工作业场所所有可能坠落的物件,一律先行拆除或加以固定。工具应随手放入工具袋,传递物件时禁止抛掷。

④雨天和雪天进行高处作业时,水、冰、霜均应及时清除,达到防寒、防滑要求后,再进行作业。遇有六级以上强风、浓雾等恶劣气候,不得进行露天攀登和悬空高处作业。

⑤因作业要求临时拆除或变动安全防护设施时,须经施工负责人同意,并采取相应的可靠措施,作业后应立即恢复。

⑥防护栅搭高与拆除时,应设警戒区,并派专人监护,严禁上下同时拆除。

3. 维修电工人身安全知识

①在进行电气设备安装和维修操作时,必须严格遵守各种安全操作规程,不得玩忽职守。

②操作时,要严格遵守停送电操作规定,要切实做好防止突然送电时各项安全措施,如挂上“有人工作,禁止合闸!”的标识牌,锁上闸刀或取下电源熔断器等,不准临时送电。

③在带电部分附近操作时,要保证有可靠的安全间距。

④操作前,应仔细检查操作工具及绝缘鞋、绝缘手套等安全用具的绝缘性能是否良好,并应立即进行检查,有问题的应及时更换。

⑤登高工具必须安全可靠,未经登高训练的人员,不准进行登高作业。

⑥如果发现有人触电,应立即采取正确的急救措施。

4. 施工操作的技术要求

(1)停电操作

先断开漏电断路器,再断开刀开关。

停电操作的安全技术要求如下：

①停电的各方面至少有一个明显的断开点(由隔离刀开关断开)，禁止在只经断路器断开电源的设备或电路上进行工作。与停电设备有关的变压器和电压互感器等必须把一次侧和二次侧都断开，防止向停电检修设备反送电。

②停电操作应先停负荷侧，后停电源侧；先拉开断路器，后拉开隔离刀开关。严禁带负荷拉隔离开关。

③为防止因误操作，或后备电源自投以及因校验工作引起的保护装置误动作造成断路器突然误合闸而发生意外，必须断开断路器的操作电源。对一经合闸就可能送电的刀开关必须将操作把手锁住。

(2)验电操作

将低压验电器在带电设备上进行试验，确认验电器完好。将低压验电器在已经停电的漏电断路器进、出线柱进行逐相验电，确定漏电断路器未带电。

验电操作的安全技术要求如下：

①检修的电器设备和电路停电后，悬挂接地线之前，必须用验电器检验确无电压。

②验电时，使用与被测电路电压等级相适应经试验合格，并在有效实验期内的验电器。验电前、后，均应将验电器在带电设备上进行试验，确认验电器良好。

③对停电检修的设备，应在进出线两侧逐相验电。同杆架设的多层电力电路验电时，先验低压，后验高压，先验下层，后验上层。

④表示设备断开和允许进入间隔的信号、电压表指示以及信号灯指示等不能作为设备无电压的依据，只能作为参考。

⑤对停电的电缆电路进行验电时，由于电缆的容量大，剩余电荷较多而一时又泄放不完，因此，刚停电后即进行验电，有时验电器仍会发亮(有时为闪烁发亮)。遇到这种情况必须过几分钟再进行验电，直到验电器指示无电，才能确认为无电压。切记绝不能凭经验判断，当验电器指示有电时，就认为是剩余电荷作用所致，不要盲目进行接地操作。

(3)装设接地线

将短路接地线连接在漏电断路器出线桩电路的另一侧，以防止负载侧电路的反送电。装设地线的安全技术要求如下：

①装设地线时，应先将接地端可靠接地，当用验电器验明设备或电路确无电压后，立即将接地线的另一端挂接在设备或电路的导体上。

②对于可能送电至停电设备或电路的各个电源侧，都要装设接地线，接地线与检修部分之间不得连有断路器或熔断装置。

③装设接地线必须由两人进行，一人监护，一人操作。装设时先接接地端，后接导体端，而且必须接触良好，可靠。拆接地线的次序与之相反。装拆接地线时

均应使用绝缘棒或戴绝缘手套,人体不准碰触接地线。

④检修母线时,应根据母线的长短和有无感应电压等实际情况确定接地线的数量,一般检修 10 m 及以下长度的母线可以只装设一组接地线。

⑤架空电路检修作业时,如电杆无接地引下线时,可采用临时接地棒,接地棒插入地中的深度不得小于 0.6 m。

⑥接地线应采用多股软裸铜线,其最小截面不小于 25 mm^2,接地线必须使用专用线夹固定在导体上,严禁采用缠绕方法。

(4)悬挂标识牌和装设遮栏

悬挂标识牌和装设遮栏的安全技术要求如下:

①对运行操作的开关和刀开关,标识牌应悬挂在控制盘的操作把手上;对同时能进行运行和就地操作的刀开关,还应在刀开关操作把手上悬挂标识牌。

②部分停电的工作中,在作业范围内对于安全距离小于规定值的未停电设备,应装设临时遮栏,并在临时遮栏上悬挂"止步,高压危险!"的标识牌。

③在室内高压设备上工作,应在工作地点两旁间隔和对面间隔的遮栏上及禁止通行的过道上悬挂"止步,高压危险!"的标识牌。在室外地面高压设备上工作,应在工作地点四周用绳子做好围栏,围栏上悬挂适当数量的"止步,高压危险!"的标识牌,标识牌应朝向围栏里面。"在此工作"的标识牌应向围栏外面悬挂。

④在工作地点,工作人员上下攀登的铁架或梯子上应悬挂"从此上下"的标示牌,在邻近其他可能误登的架子上悬挂"禁止攀登,高压危险!"的标识牌。

⑤在停电检修装设接地线的设备框门上及相应的电源刀开关把手上应悬挂"已接地!"的标识牌。

⑥严禁工作人员在检修工作未告终时,移动或拆除遮栏、接地线和标识牌。

5. 文明施工措施

①严格执行安全操作规程,遵守安全生产规章制度,不违章作业,不违反劳动纪律,虚心服从安全生产管理人员的监督、指导。

②发扬团结友爱精神,在施工中做到互相帮助,互相监督,维护安全设施、设备,做到正确使用,不准随意拆改,对新工人有传、带、帮的责任。

③各种设备、工具要安装牢固,摆设安全、干净、整齐,防护齐全,开关有灵敏的漏电保护,并挂牌编号,闲置的工具要及时清理、回收和维修。

④现场材料按划分区域堆放,要求场地平整,无积水,堆放稳固,不混杂,统一挂牌,标识清楚。

⑤严禁偷盗、恶意破坏施工现场设备与材料,讲话要文明,不乱写乱画,不乱动安全防护设施,对违法乱纪的现象要严肃处理。

⑥搞好个人卫生,不留长发,严禁酒后上岗,作业期间严禁吸烟。

⑦施工现场按作业情况，划分文明施工区域，设置卫生负责人，清扫施工垃圾到指定地点，施工垃圾随时清理。

任务实施

一、任务要求

找出图 3-1-1 中电焊作业人员存在安全隐患的操作。

二、操作流程

1. 电焊作业安全操作规程

①在电焊场地周围，应设置有灭火器材。

②不准在堆有易燃、易爆物的场所进行焊接，必须焊接时，一定要在距离易燃、易爆物 5 m 的距离外，并有安全防护措施。

③与带电体要有 1.5～3 m 的安全距离，禁止在带电器材上进行焊接。

④禁止在具有气、液体压力容器上进行焊接。

⑤对密封或盛装物性能不明的容器不能焊接。

⑥焊接需要局部照明的，应用 12～36 V 安全灯，在金属容器内焊接时，必须有人监护。

⑦必须戴防护遮光面罩，以防电弧灼伤眼睛。

⑧必须穿戴工作服、脚盖和手套等防护用品，在潮湿环境中焊接时，要穿绝缘鞋。

⑨电焊机外壳和接地线必须有良好的接地，焊钳的绝缘手柄必须完整无缺。

2. 电焊作业现场图（见图 3-1-1）

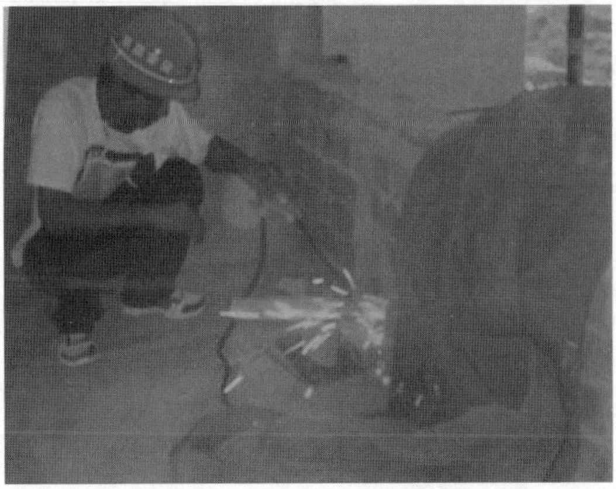

图 3-1-1　电焊作业现场图

三、检查评价

对任务实施完成情况进行评分,评分标准见表 3-1-2。

表 3-1-2　评分标准

序号	考评内容	配分	扣分原因	扣分	得分
1	个人安全意识	4	未能明确作业任务,做好个人防护　扣 1~4 分		
2	风险排除	10	观察作业现场、排除作业现场存在的安全风险,每少排除一个　扣 3 分 若未排除项会影响操作时人身安全和设备的安全　扣 10 分		
3	安全操作	6	口述该项操作的安全规程　扣 1 分		
合　计		20			

自我测试

1. 倒闸操作的基本顺序是怎样的?
2. 临时接地线的拆装顺序是怎样的? 在使用临时接地线时有哪些注意事项?

任务二　电工安全标识识读

任务描述

在有触电危险的处所或容易产生误判断、误操作的地方,以及存在不安全因素的现场,设置醒目的文字或图形标识,提示人们识别、警惕危险因素,对防止人们偶然触及或过分接近带电体而触电具有重要作用。

学习目标

一、知识目标

①了解识读电工安全标识的重要意义。
②掌握常见电工安全标识内容。
③掌握常见电工安全标识的用途。

二、技能目标

能够根据作业场所，选择合适的电工安全标识。

知识准备

一、安全标识的要求

安全标识要求文字简明扼要、图形清晰、色彩醒目。例如，用白底红边黑字制作的“止步，高压危险”的标识牌，白色背景衬托下的红边和黑字，可以收到清晰醒目的效果，也使标识牌的警告作用更加强烈。

标准统一或符合习惯，以便于管理。例如，我国采用的颜色标识的含义基本上与国际安全色标准相同，见表 3-2-1。

表 3-2-1　安全色标的含义

色　标	含　义	举　例
红色	禁止、停止、消防	停止按钮、灭火器、仪表运行极限
黄色	注意、警告	当心触电、注意安全
绿色	安全、通过、允许、工作	在此T作、已接地
黑色	警告	多用于文字、图形、符号
蓝色	强制执行	必须戴安全帽

标识由文字、图形、编号、颜色等方式构成。例如，裸母线及电缆芯线的相序或极性标识见表 3-2-2。

表 3-2-2　裸母线及电缆芯线的相序或极性标识

—	交 流 电 路				直 流 电 路		接　地　线
	L1	L2	L3	N	正极	负极	
旧	黄	绿	红	黑	红	蓝	黑
新	黄	绿	红	淡蓝	棕	蓝	黄绿双色线*

注：*按国际标准和我国标准，在任何情况下，黄绿双色线只能用作保护接零或保护接地线。但在日本及西欧一些国家采用单一绿色线作为保护接地(零)线，我国出口转内销时也是如此。使用这类产品时，必须注意，仔细查阅使用说明书或用万用表判别，以免接错线造成触电。

二、常用安全标识

安全标识是用来表达特定安全信息的，由图形符号、安全色、几何形状(边框)和文字构成。一般用标识牌的形式，安全标识牌要有衬边，使安全标识与周围环境之间形成较为强烈的对比。

安全标识包括禁止标识、警告标识、指令标识、提示标识 4 种基本类型,还有消防安全标识、其他标识等特定类型。以下为电气施工现场常用安全标识。

1. 禁止标识

禁止标识表示禁止人们不安全行为。其基本形式为一长方形衬底牌,上方是圆形带斜杠的禁止标识,下方是矩形补充标识,图形上、中、下间隙相等,中间线斜度为 45°,补充标识为红底黑字、黑体字,见表 3-2-3。

表 3-2-3　禁止标识

序号	图 形 标 识	名　　称	使用场合或悬挂位置
1		施工现场 禁止通行	禁止通行的检修现场出入口处
2		禁止合闸 有人工作	已停电检修(施工)的设备
3		禁止攀登 高压危险	架空线路杆塔脚钉或爬梯侧
4		未经许可 禁止入内	禁止通行的过道上,高压试验地点

续上表

序号	图形标识	名　称	使用场合或悬挂位置
5		禁止穿带钉鞋	有触电危险的作业场所
6		禁止启动	暂停使用的设备
7		门口一带严禁停放车辆、堆放杂物等	电房的门上;台架变、坐地式台变的围栏
8		禁止靠近	不允许靠近的危险区域

续上表

序号	图形标识	名　称	使用场合或悬挂位置
9		禁止穿化纤服装	有静电火花会导致灾害或有炽热物质的作业场所
10		禁止佩戴心脏起搏者靠近	禁止靠近高压设备、大型电动机、发电机
11		禁止在电力变压器周围 2 m 以内停放机动车辆或堆放杂物	城镇等人口密集地方的变压器架子上或外部机构
12		禁止烟火	电房、材料库房内显著位置(入门易见)的墙上;电缆隧道出入口处;电缆井及检修井内适当位置;线路作业场所等

续上表

序号	图形标识	名　　称	使用场合或悬挂位置
13		禁止跨越	电气土建工程施工作业现场围栏旁
14		禁止停留	对人员具有直接危险的场所
15		禁止伸入	易夹住身体四肢部位的装置
16		禁止触摸	禁止触摸的设备或物体附近,如裸露的带电体等

2. 警告标识

警告标识用于提醒人们注意周围环境,避免发生危险。其基本形式是长方形衬底板牌,上方是正三角形警告标识,下方是矩形补充标识,图形上、中、下间隔相等,衬底为白色,正三角形及标识符号为黑色,衬底为黄色,矩形补充标识为黑框黑底字,白色衬底,见表 3-2-4。

表 3-2-4　警告标识

序号	图形标识	名　　称	使用场合或悬挂位置
1		当心电辐射	能产生电辐射危害的场所
2		有电注意安全	位于行人、车辆(或机械)通行处的线路杆塔下;易于造成人员伤害的场所或设备的适当位置等
3		当心自动启动	配有自动启动装置的设备
4		当心电缆	暴露的电缆或地下有电缆施工的地方

续上表

序号	图形标识	名　　称	使用场合或悬挂位置
5		当心磁场	有磁场的区域或场所，如高压变压器等
6		当心触电	有可能发生触电危险的电器设备和线路，如配电室、开关灯
7		当心火灾	易发生火灾的危险场所

3. 指令标识

指令标识是强制人们必须做出某种动作或采用防范措施的图形标识。其基本形式是一长方形衬底牌，上方是圆形的标识，下方是矩形补充标识，图形上、中、下间隙相等，衬底为白色，圆形衬底色为蓝色，指令符号为白色，矩形补充标识为黑色框和黑色字符，字为黑体字，见表3-2-5。

表3-2-5　指令标识

序号	图形标识	名　　称	使用场合或悬挂位置
1		施工现场 禁止通行	禁止通行的检修现场出入口处

续上表

序号	图形标识	名　　称	使用场合或悬挂位置
2		必须戴安全帽	生产场所、施工现场等易使头部受到伤害的作业场所;主要通道入口处
3		必须戴防护眼镜	对眼睛有伤害的作业、施工场所
4		必须戴防护帽	易造成人体碾绕伤害的作业场所,如具有旋转设备的场所等
5		必须穿防护鞋	易伤害脚部的作业场所,如有触电危险的作业地点等

续上表

序号	图形标识	名　　称	使用场合或悬挂位置
6	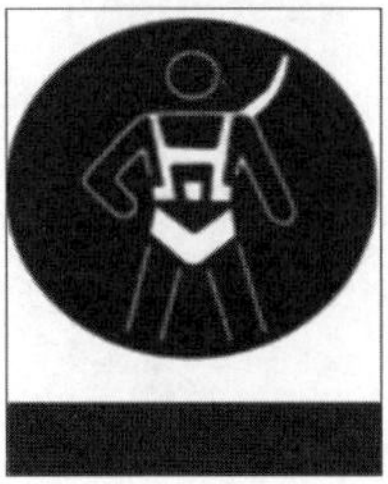	必须系安全带	落差 2 m 以上、周围没有设置防护围栏等易发生坠落危险的作业地点
7		必须穿工作服	从事电气作业的时候
8		必须戴防护手套	易伤害手部的作业场所，如有触电危险的作业地点等
9	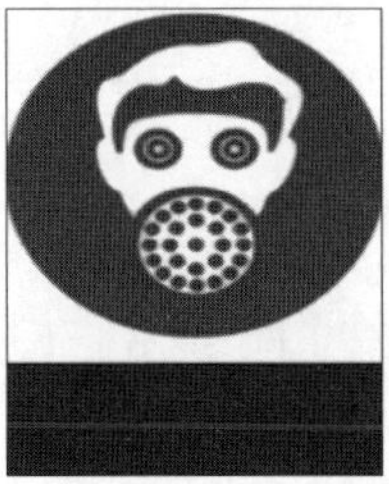	必须戴防毒面具	有害的气体、气溶胶、烟尘等作业场所，如有毒物散发的地点或处理由毒物造成的事故现场等

续上表

序号	图形标识	名　　称	使用场合或悬挂位置
10		必须拔出插头	设备维修、故障、长期停用、无人值守状态下的地点
11		注意通风	密封工作场所的适当位置,如电缆井及检修井等

4. 提示标识

提示标识的基本含义是向人们提供某种信息(如标明安全设施或场所旁)的图形标识。其基本形式是正方形衬底牌,内为圆形提示标识、四周间隙相等,提示标识的圆形为白色、黑体黑色字,衬底色为绿色,见表3-2-6。

表3-2-6　提示标识

序号	图形标识	名　　称	使用场合或悬挂位置
1		在此工作	设置在工作地点处
2		从此上下	设置在楼道间,提示上下通道

续上表

序号	图形标识	名　称	使用场合或悬挂位置
3		疏散通道方向	与紧急出口标志联用,指示到紧急出口的方向
4		紧急出口	设置在紧急出口、通道处(楼道或大门)等

任务实施

一、任务要求

①认识安全色。
②认识安全标识。
③正确配挂安全标识。

二、自我测试

请根据提供的安全标识,在表 3-2-7 中写出标识内容及标识悬挂位置。

表 3-2-7　安全标识自我测试表

图形标识	标识内容	标识悬挂位置

续上表

图 形 标 识	标 识 内 容	标识悬挂位置

科目四

作业现场应急处理

任务一 触电急救

任务描述

现有一电工作业人员在进行电路维修时,由于操作失误,导致自身触电,需要对其进行急救。

学习目标

一、知识目标

①触电的形式。
②电流对人体的伤害。
③触电事故发生的规律。

二、技能目标

正确进行单人徒手心肺复苏操作。

知识准备

一、触电事故

触电事故是指电能以电流的形式作用于人体造成的伤害,分为电击和电伤。

1. 电击

电击是指电流通过人体内部,对体内器官造成的伤害。人受到电击后,可能会出现肌肉抽搐、昏厥、呼吸停止或心跳停止等现象,严重时,甚至危及生命。大部分触电死亡事故都是电击造成的,通常说的触电事故基本上是对电击而言的。

按照发生电击时电气设备的状态,可分为直接接触电击和间接接触电击。

按照人体触及带电体的方式和电流通过人体的途径触电可分为单相触电、两相触电和跨步电压触电。

(1)单相触电

当人体直接触碰带电设备或电路中的一相时,电流通过人体流入大地,这种触电现象称为单相触电。在高压系统中,人体虽没有直接触碰高压带电体,但由于安全距离不足而引起高压放电，造成的触电事故也属于单相触电。大部分触电属于单相触电事故。一般情况下，接地电网的单相触电危险性比不接地的电网的危险性大。

(2)两相触电

人体同时接触带电设备或电路中的两相导体(或在高压系统中，人体同时接近不同相的带电导体，而发生高压放电)时，电流从一相导体通过人体流入另一相导体，这种触电现象称为两相触电。两相触电危险性较单相触电大，因为当发生两相触电时，加在人体上的电压由相电压(220 V)变为线电压(380 V)，这时会加大对人体的伤害。

(3)跨步电压触电

当电气设备发生接地故障时，接地电流通过接地体向大地流散，若人在接地短路点周围行走，其两脚之间的电位差就是跨步电压。由跨步电压引起的人体触电，就是跨步电压触电。离接地点越近，接地电压越高，危险性越大。一般来说，距接地点 20 m 以外可认为电位为零。在对可能存在较高跨步电压(如高压故障接地处、大电流流过接地装置附近)的接地故障点进行检查时，室内不得接近故障点 4 m 以内，室外不得接近故障点 8 m 以内。若进入上述范围，工作人员必须穿绝缘靴。

2. 电伤

电伤是由电流的热效应、化学效应或者机械效应直接造成的伤害，会在人体表面留下明显伤痕，有电烧伤、电烙伤、皮肤金属化、机械性损伤和电光性眼炎。造成电伤的电流通常都比较大。

(1)电烧伤

电烧伤是电流的热效应造成的伤害，分为电流灼伤和电弧烧伤。前者是人体触及带电体时电流通过人体的电流的热效应造成的伤害，一般发生在低压设备或低压电路上；后者是电弧放电产生的高温造成的伤害，如在高压开关柜分闸时，先拉隔离开关造成的电弧。

高压电弧的烧伤较低压电弧严重，直流电弧的烧伤较交流电弧严重。当人体与带电体之间发生电弧时，对人体造成的烧伤，以电流进、出口烧伤最为严重，同时体内也会受到伤害。

(2)电烙伤

电烙伤是在人体与带电体接触的部位留下的永久性斑痕。斑痕处皮肤失去原有弹性、色泽，表皮坏死，失去知觉。

(3)皮肤金属化

高温电弧作用下，熔化、蒸发的金属微粒渗入人体表皮，造成皮肤粗糙而张紧的伤害。

(4)机械性损伤

由于电流对人体的作用使得中枢神经反射和肌肉强烈收缩,导致机体组织断裂、骨折等伤害。应当注意这里所说的机械伤害与电流作用引起的坠落、碰撞等伤害是不一样的,后者属于二次伤害。

(5)电光性眼炎

电光性眼炎是发生弧光放电时,由红外线、可见光、紫外线对眼睛造成的伤害。对于短暂的照射,紫外线是引起电光性眼炎的主要原因。

二、电流对人体的危害

电流通过人体时会对人体的内部组织造成破坏。电流作用于人体,表现的症状有针刺感、压迫感、打击感、痉挛、疼痛,乃至血压升高、昏迷、心律不齐、心室颤动等。电流通过人体内部,对人体伤害的严重程度与通过人体电流的大小、电流通过人体的持续时间、电流通过人体的途径、电流的种类以及人体的状况等多种因素有关,而且各因素之间是相互关联的,伤害严重程度主要与电流大小与通电时间长短有关。

1. 通过人体电流的大小

通过人体的电流越大,人体的生理反应越明显,感觉越强烈。按照通过人体电流的大小、人体反应状态的不同,可将电流划分为感知电流、摆脱电流和室颤电流。

①感知电流是在一定概率下,电流通过人体时能引起任何感觉的最小电流。感知电流一般不会对人体造成伤害,但当电流增大时,引起人体的反应变大,可能导致高处作业过程中的坠落等二次事故。

概率为50%时,成年男性的平均感知电流值(有效值,下同)约为1.1 mA,最小为0.5 mA;成年女性约为0.7 mA。

②摆脱电流是手握带电体的人能自行摆脱带电体的最大电流。当通过人体的电流达到摆脱电流时,虽暂时不会有生命危险,但如超过摆脱电流时间过长,则可能导致人体昏迷、窒息甚至死亡。因此,通常把摆脱电流作为发生触电事故的危险电流界限。

成人男性的平均摆脱电流约为16 mA,成年女性平均摆脱电流约为10.5 mA;摆脱概率为99.5%时,成年男性和成年女性的摆脱电流约为9 mA和6 mA。

③室颤电流为较短时间内,能引起心室颤动的最小电流。电流引起心室颤动而造成血液循环停止,是电击致死的主要原因。因此,通常把引起心室颤动的最小电流值作为致命电流界限。

当电流持续时间超过心脏搏动周期时,人的室颤电流约为50 mA;当电流持续时间短于搏动周期时,人的室颤电流约为数百毫安。

通过人体电流的大小取决于外加电压和人体电阻，人体电阻主要由体内电阻和体外电阻组成。体内电阻一般约为 500 Ω，体外电阻主要由皮肤表面的角质层决定，它受皮肤干燥程度、是否破损、是否粘有导电性粉尘等的影响。例如，皮肤潮湿时的电阻不及干燥时的一半，所以手湿时不要接触电气设备或拉合开关。人体电阻还会随电压升高而降低，工频电压 220 V 作用下的人体电阻只有 50 V 时的一半。当受很高电压作用时，皮肤被击穿则皮肤电阻可忽略不计，这时流经人体的电流则会成倍增加，人体的安全系数将降低。一般情况下，220 V 工频电压作用下人体的电阻为 1 000~2 000 Ω。

2. 通过人体的持续时间的影响

电流从左手到双脚会引起心室颤动效应。通电时间越长，越容易引起心室颤动，造成的危害越大。这是因为：

①随通电时间增加，能量积累增加（如电流热效应随时间加大而加大），一般认为通电时间与电流的乘积大于 50 mA · s 时就有生命危险。

②通电时间增加，人体电阻因出汗而下降，导致人体电流进一步增加。

③心脏在易损期对电流是最敏感的，最容易受到损害，发生心室颤动而导致心跳停止。如果触电时间大于一个心跳周期，则发生心室颤动的机会加大，电击的危害加大。

因此，通过人体的电流越大，时间越长，电击伤害造成的危害越大。通过人体电流的大小和通电时间的长短是电击事故严重程度的基本决定因素。

3. 电流途径的影响

电流通过人体的途径不同，造成的伤害也不同。电流通过心脏可引起心室颤动，导致心跳停止，使血液循环中断而致死。电流通过中枢神经或有关部位，会引起中枢神经系统强烈失调，通过头部会使人立即昏迷，而当电流过大时，则会导致死亡；电流通过脊髓，可能导致肢体瘫痪。

这些伤害中，以对心脏的危害性最大，流经心脏的电流越大，伤害越严重。而一般人的心脏稍偏左，因此，电流从左手到前胸的路径是最危险的。其次是右手到前胸，次之是双手到双脚及左手到单（或双）脚等。电流从左脚到右脚可能会使人站立不稳，导致摔伤或坠落，因此这条路径也是相当危险的。

4. 不同种类电流的影响

直流电和交流电均可使人发生触电。相同条件下，直流电比交流电对人体的危害小。在电击持续时间长于一个心搏周期时，直流电的心室颤动电流比交流电高好几倍。直流电在接通和断开瞬间，平均感知电流约为 2 mA。接近 300 mA 的直流电流通过人体时，在接触面的皮肤内会感到疼痛，随通过时间的延长，可引起心律失常、电流伤痕、烧伤、头晕，有时失去知觉，但此症状是可恢复的。如果超过

300 mA 则会造成失去知觉。电流达到数安时,只要几秒,则可能发生内部烧伤甚至死亡。

交流电的频率不同,对人体的伤害程度也不同。实验表明,50~60 Hz 的电流危险性最大。低于 20 Hz 或高于 350 Hz 时,危险性相应减小,但高频电流比工频电流更容易引起皮肤灼伤。因此,不能忽视使用高频电流的安全问题。

5. 个体差异的影响

不同的个体在同样条件下触电可能出现不同的后果。一般而言,女性对电流的敏感度较男性高,小孩较成人易受伤害。体质弱者比健康人易受伤害,特别是有心脏病、神经系统疾病的人更容易受到伤害,后果更严重。

三、触电事故的规律

1. 触电事故季节性明显

统计资料表明,事故多发二、三季度且 6~9 月较为集中。主要原因:一是天气炎热,人体因出汗电阻降低,危险性增大;二是多雨、潮湿,电气绝缘性能降低容易漏电。而且,这段时间是农忙季节,农村用电量增加,也是事故多发季节。

2. 低压设备触电事故多

国内外统计资料表明,人们接触低压设备机会较多,因人们思想麻痹,缺乏安全知识,导致低压触电事故较多。但在专业电工中,高压触电事故比低压触电事故多。

3. 携带式和移动式设备触电事故多

其主要原因是工作时人要紧握设备走动,人与设备连接紧密,危险性增大;另一方面,这些设备工作场所不固定,设备和电源线都容易发生故障和损坏;此外,单相携带式设备的保护中性线与工作中性线容易接错,造成触电事故。

4. 电气连接部位触电事故多

大量触电事故的统计资料表明,很多事故发生在接线端子、缠接接头、焊接接头、电缆头、灯座、插座、熔断器等分支线、接户线处。主要是由于这些连接部位机械牢固性较差、接触电阻较大、绝缘强度较低,并且可能发生化学反应的缘故。

5. 冶金、矿业、建筑、机械行业触电事故多

由于这些行业生产现场条件差,不安全因素较多,以致触电事故多。

6. 中青年工人、非专业电工、合同工和临时工触电事故多

因为他们是主要操作者,经验不足,接触电气设备较多,又缺乏电气安全知识,其中有的责任心不强,以致触电事故多。

7. 农村触电事故多

部分省市统计资料表明,农村触电事故约为城市的 3 倍。

8. 错误操作和违章作业造成的触电事故多

其主要原因是安全教育不够、安全制度不严和安全措施不完善。造成触电事

故的发生,往往不是单一的原因。但经验表明,作为一名电工应提高安全意识,掌握安全知识,严格遵守安全操作规程,才能防止触电事故的发生。

四、触电急救

人触电后,即使心跳和呼吸停止了,如果能立即进行抢救,也还有救活的机会。据一些统计资料表明,心跳呼吸停止,在1 min内进行抢救,约80%可以救活,如果6 min才开始抢救,则80%救不活。可见触电后,争分夺秒,立即就地正确地抢救是至关重要的。触电急救必须迅速处理好以下几个步骤:

1. 迅速使触电者脱离电源

(1)低压触电脱离电源的方法

①断开电源开关。如果电源开关或插头就在附近,应立即断开开关或拔掉插头。

②用绝缘工具将电线切断。救护人员如有绝缘胶柄的钳或绝缘木柄的刀、斧等,可用这些绝缘工具将触电回路上的绝缘导线切断,必须将相线、中性线都切断,因不知哪根是相线,如只切断一根则不能保证触电者脱离电源。断线时应逐根切断,断口应错开,以防止断口接触发生短路,同时要防止断口触及他人或金属物体。用刀、斧砍线时,应防止导线断开时弹起触及自己或他人,也不能将导线支承在金属物体上砍断,以防断口使金属体带电导致触电。触电回路的电线是裸导线时,一般不宜采用砍线的方法,如要砍线,则必须有可靠的措施防止断线弹起和防止断线触及他人或金属物体。如果工具的胶柄或木柄是潮湿的则不能使用。

③用绝缘物体将带电导线从触电者身上移开。如果带电导线触及人体发生触电时,可以用绝缘物体,如干燥的木棍、竹竿小心地将电线从触电者身上拨开,但不能用力挑,以防电线甩出触及自己或他人,也要小心电线沿木棍滑向自己。也可用干燥绝缘的绳索缠绕在电线上将电线拖离触电者。如果电杆倒地,在拨开电线救人时要特别小心电线弹起。

④将触电者拉离带电物体。如果触电者的衣服是干燥又不紧身的,救护人先用干燥的衣服将自己的手严密包裹,然后用包好的手拉着触电者干燥的衣服,将触电者拉离带电物体,或用干燥的木棍将触电者撬离带电物体。触电者的皮肤是带电的,千万不能触及,也不要触及触电者的鞋。拉人时自己一定要站稳,防止跌倒在触电者身上。救护人没有穿鞋或鞋是湿的时不能用此方法救人。

上述使触电者脱离电源的方法,应根据现场的具体条件,在确保救护人安全的前提下,以迅速、可靠为原则来选择。

(2)高压触电脱离电源的方法

①立即通知有关部门停电。

②戴上绝缘手套,穿上绝缘靴,使用相应电压等级的绝缘工具拉开开关。

2. 脱离电源后,检查触电者状况

触电者脱离电源后应立即检查其受伤的情况,首先判断其神志是否清醒。如果神志不清,则应迅速判断其有无呼吸和心跳,同时还应检查有否骨折、烧伤等其他伤害,然后分别进行现场急救处理。

(1)检查神志是否清醒的方法

在触电者耳边响亮而清晰地喊其名字或“张开眼睛”,或用手拍打其肩膀,如果无反应则是失去知觉,神志不清。

(2)检查是否有自主呼吸的方法

触电者神志不清,则将其平放仰卧在干燥的地上,通过“看、听、试”判断是否有自主呼吸,看胸、腹部有无起伏,听有无呼吸的气流声,试口鼻有无呼气的气流,如果都没有则可判断没有自主呼吸。应在 10 s 内完成“看、听、试”做出判断。

检查时将耳朵靠近触电者的口鼻上方,眼睛注视其胸、腹部,边看胸、腹部有无起伏,边听口鼻有无呼吸的气流声,同时面部感觉有无呼气的气流。还可用羽绒、薄纸、棉纤维放在鼻、口前观察有否被呼气气流吹动,如图 4-1-1(a)所示。

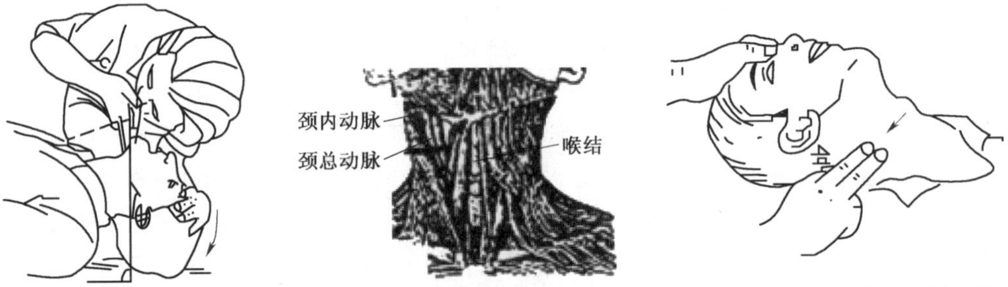

(a)判断是否有自主呼吸　　(b)颈动脉的位置　　(c)测动脉脉搏可判断心跳

图 4-1-1　触电者情况检查

(3)检查是否有心跳的方法

检查颈动脉有否搏动,如测不到颈动脉搏动,则可判断心跳停止。颈动脉位于颈部气管和邻近肌肉带之间的沟内,如图 4-1-1(b)所示。救护人用一只手放在触电者前额使头部保持后仰,另一只手的食指与中指并齐放在触电者的喉结部位,然后将手指滑向颈部气管和邻近肌肉带之间的沟内就可测到颈动脉的搏动,如图 4-1-1(c)所示。测颈动脉脉搏时应避免用力压迫动脉,脉搏可能缓慢不规律或微弱而快速,因此测试时间需 5~10 s。

3. 心跳、呼吸停止的现场抢救

(1)根据受伤情况采取不同处理方法

①脱离电源后，触电者神志清醒，应让触电者就地平卧安静休息，不要走动，以减小心脏负担，应有人密切观察其呼吸和脉搏变化。天气寒冷时要注意保暖。

②触电者神志不清，有心跳，但呼吸停止，应立即进行口对口人工呼吸。如果不及时进行人工呼吸，心脏因缺氧很快就会停止跳动。如果呼吸很微弱也应立即进行人工呼吸，因为微弱的呼吸起不到气体交换作用。

③触电者神志不清，有呼吸，但心跳停止，应立即进行人工胸外心脏的挤压。

④触电者心跳停止，同时呼吸也停止或呼吸微弱，应立即进行心肺复苏抢救。

⑤当心跳、呼吸均停止并伴有其他伤害时，应先进行心肺复苏，然后再处理外伤。

(2)口对口(鼻)人工呼吸的方法

①人工呼吸的作用。人工呼吸是伤员不能自主呼吸时，人为地帮助其进行被动呼吸，救护人将空气吹入伤员肺内，然后伤员自行呼出，达到气体交换，维持氧气供给。

②人工呼吸前的准备工作：

- 平放仰卧：使伤员仰面平躺。
- 松开衣裤：松开伤员的上衣和裤带，使胸、腹部能够自由舒张。
- 清净口腔：检查伤员口腔，如有痰、血块、呕吐物或松脱的假牙等异物，应将其清除以防止异物堵塞喉部，阻碍吹气和呼气。可将伤员头部侧向一面，有利于将异物清出。
- 头部后仰、鼻孔朝天：救护人一手放在伤员前额上，手掌向后压，另一只手的手指托着下颚向上抬起，使头部充分后仰至鼻孔朝天，防止舌根后坠堵塞气道。因为在昏迷状态下舌根会向后下坠将气道堵塞[见图4-1-2(a)]，令头部充分后仰可以提起舌根使气道开放，如图4-1-2(b)所示。

(a)舌根向后下坠　　(b)舌根提起

图4-1-2　仰卧时舌根示意图

(3)吹气、呼气的方法

①深吸一口气，吹入伤员肺内的气量要达到800~1 200 mL(成年人)，才能保证有足够的氧，所以救护人吹气前应先深吸一口气。

②口对口,捏紧鼻,吹气。救护人一只手放在伤员额上,用拇指和食指将伤员鼻孔捏紧,另一只手托住伤员下颚,使头部固定,救护人低下头,将口贴紧伤员的口,吹气,吹气时鼻要捏紧,口要贴紧以防漏气。吹气要均匀,将吸入的气全部吹出,时间约 2 s。吹气时目光注视伤员的胸、腹部,吹气正确胸部会扩张;如果感觉吹气阻力很大且胸部不见扩张,说明气道不通畅;吹气量不足,则胸部扩张不明显;如果腹部胀起则是吹气过猛,使空气吹入胃内。

③口离开,松开鼻,自行呼气。吹气后随即松开鼻孔,口离开,让伤员自行将气呼出,时间约 3 s。伤员呼气时救护人抬起头准备再深吸气,伤员呼气完后,救护人紧接着口对口吹气,持续进行抢救。

如果伤员牙关紧闭无法张开,可以口对鼻吹气。对儿童进行人工呼吸时,吹气量要减少。

(4)人工胸外心脏按压

①心脏按压的作用:心跳停止后,血液循环失去动力,用人工的方法可建立血液循环。人工有节律地压迫心脏,按压时使血液流出,放松时心脏舒张使血液流入心脏,这样可迫使血液在人体内流动。

②按压心脏前的准备:

- 放置好伤员并使气道顺畅。
- 将伤员平放仰卧在硬地上(或在背部垫硬板,以保证按压效果),应使头部低于心脏,以利于血液流向脑部,必要时可稍抬高下肢促进血液回流心脏。同时,松开紧身衣裤,清净口腔,使气道顺畅。

③确定正确的按压部位:人工胸外心脏按压要按压胸骨下半部。间接压迫心脏使血液循环,按压部位正确才能保证效果,按压部位不当,不仅无效甚至有危险,比如压断肋骨伤及内脏,或将胃内流质压出引起气道堵塞等。所以,在按压前必须准确确定按压部位。

确定正确的按压部位的方法:先在腹部的左(或右)上方摸到最低的一条肋骨(肋弓),然后沿肋骨摸上去,直到左、右肋弓与胸骨的相接处(在腹部正中上方),找到胸骨剑突,把手掌放在剑突上方并使手掌边离剑突下沿二手指宽,掌心应在胸骨的中心线上,偏左或偏右都有可能会造成骨折。此方法可概括为“沿着肋骨向上摸,遇到剑突放二指,手掌靠在指上方,掌心应在中线上。”

(5)正确的按压方法

①两手相叠放在正确的按压部位,手掌贴紧胸部,手指稍翘起不要接触胸部。按压时只是手掌用力下压,手指不得用力,否则会使肋骨骨折。

②腰稍向前弯,上身略向前倾,使双肩在双手正上方,两臂伸直,垂直均匀用力向下压,压陷 4~5 cm,使血液流出心脏。下压时以髋关节为支点用力(见

图 4-1-3),用力方向是垂直向下压向胸骨,如斜压则会推移伤员。按压时切忌用力过猛,否则会造成骨折伤及内脏。压陷过深有骨折危险,压下深度不足则效果不好,成年人压陷 4~5 cm,体形大的压下深些。

③压陷后立即放松使胸部恢复原状,心脏舒张使血液流入心脏,但手不要离开胸部。

④以每分钟 100 次的频率节奏均匀地反复按压,按压与放松的时间相等。

⑤婴儿和幼童,只用两只手指按压,压下约 2 cm,10 岁以上儿童用一只手按压,压下 3 cm,按压频率都是每分钟 100 次。

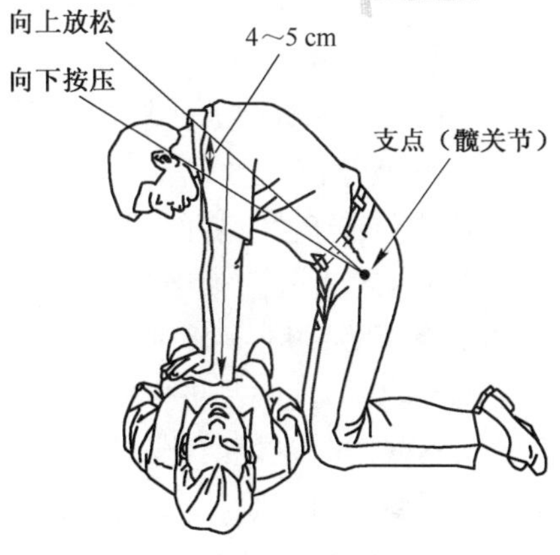

图 4-1-3　正确的按压姿势

⑥救护人的位置:伤员放在地上时,可以跪在伤员一侧或骑跪在伤员腰部两侧(但不要蹲着),以保证双臂能垂直下压来确定具体位置。伤员放在床上时,救护人可站在伤员一侧。

正确压法可概括为:“跪在一侧,两手相叠,掌贴压点,身稍前倾,两臂伸直,垂直下压,压后即松,每分钟压 100 次,成人压下 4~5 cm,小孩压下 2~3 cm。”

任务实施

一、任务要求

对低压触电者进行现场单人徒手心肺复苏操作。

二、操作流程

1. 将触电者从触电点脱离

①如果触电地点附近有插头或开关,应尽快切断电源。

②如果电源开关距离现场较远,可用相应电压等级的绝缘工具切断电源线。

③如果导线掉落在触电者身上,抢救者应站在干燥的木板上用干燥的竹竿、木棒挑开电线(不要将电线挑到自己或其他人身上)。

④如果触电者衣服宽松、干燥,可以用单手拖触电者的干燥衣物,或用干燥的衣物将手包住,将触电者脱离电源。

⑤如果触电者紧握电线或被电线缠绕,可用干燥的木板或塑料板等绝缘物垫入触电者与地之间,阻断电流回路,再设法切断电源。

注意:在将触电者脱离电源的过程中,施救者应首先保证自身安全,施救时单手操作,穿戴防护用具应与现场电压等级相符合。

2. 打急救电话

将触电者平躺仰放在较为平坦的地方,疏散围观人员,立即拨打急救电话。

3. 判断意识

①双手拍打触电者的双肩。

②在触电者耳边大声且清晰地呼唤。

4. 判断颈动脉脉搏、呼吸

①不能用力过大,防止推移颈动脉。

②不能同时触摸两侧颈动脉,防止头部供血中断。

③不要压迫气管,造成呼吸道阻塞。

④检查时间不能少于 5 s,不能超过 10 s。

5. 畅通气道

①清除口腔异物(假牙、黏液、血块)。

②压头抬颌法,使头后仰,使触电者下颌与地面之间成 90°。

6. 胸外按压

①找压点:将右手食指和中指并拢,沿肋弓下缘上滑到肋弓和胸骨切肌处,把中指放在切肌处,将左手手掌根紧贴右手食指。

②按压姿势:两臂垂直,肘关节不屈,两手相叠,手指向上翘起不触及胸壁,应用上身重力垂直下压。

③按压频率:80~100 次/min。

④按压深度:5 cm 以上。

注意:如果按压位置不正确,可能导致肋骨、胸骨骨折,刺破肺部及胸部血管,引起胸、肝、脾破裂及内脏大出血。

7. 口对口人工呼吸

①捏紧触电者两侧鼻翼,堵住鼻孔。

②嘴巴尽量张大,包住触电人的嘴。

③吹气时不能漏气。

④每次吹气之后要松开鼻翼,离开嘴唇,让体内气流排出。

⑤胸部有适度抬起为有效 。

⑥每次吹气时间 2 s,放气时间 3 s。

8. 对急救效果进行再判断

在进行 2 个心肺复苏循环后,对触电者的状态进行判断:用看、听、试和摸脉搏及观察瞳孔的方法完成对伤员呼吸和心跳是否恢复的再判定。天热时要注意降温,用酒精或水擦身散热;天冷时要注意保暖。医生还没到来前,要看护 12 h。

三、检查评价

对任务的实施完成情况进行评分,评分标准见表 4-1-1。

表 4-1-1　评分标准

序号	考评内容	配分	扣分原因	扣分	得分
1	意识判断	1	未拍触电者肩膀、大声呼叫触电者　扣 1 分		
2	呼救	1	不呼救、未解开衣扣、腰带、未摆体位,任一项不正确　扣 1 分		
3	判断颈动脉脉搏	2	位置不对,同时触摸两侧颈动脉,判断时间大于 10 s 或小于 5 s,任一项不正确　扣 2 分		
4	按压定位	2	定位方法不正确　扣 2 分		
5	胸外按压	5	节律不均匀,一次循环小于 15 s 或大于 18 s,按压幅度超过 5 cm,任一项不正确　扣 5 分		
6	畅通气道	1	不清理口腔,未摘掉假牙,任一项不正确　扣 1 分		
7	打开气道	1	未打开气道,头部过度后仰或程度不够　扣 1 分		
8	吹气	5	吹气时未捏鼻孔或放气时不松鼻孔,不观察胸口起伏　每次扣 1 分		
9	判断	1	没判断、没观察一侧瞳孔　扣 1 分		
10	整体质量判断	1	掌跟不重叠、手指不离开胸壁、按压手掌离开胸壁、按压时间过长、按压时手不垂直　任一项不正确　扣 1 分		
合计		20			

自我测试

一、填空题

1. 电伤是由电流的________效应对人体造成的伤害。

2. 人体直接接触带电设备或电路中的一相时,电流通过人体流入大地,这种触电现象称为________触电。

3. 人体同时接触带电设备或电路中的两相导体时,电流从一相通过人体流入另一相,这种触电现象称为________。

4. 当电气设备发生接地故障,接地电流通过接地体向大地流散,若人在接地短路点周围行走,其两脚间的电位差引起的触电称为________触电。

5. 人体体内电阻约为________Ω。

6. 如果触电者心跳停止,有呼吸,应立即对触电者施行________急救。

二、简答题

1. 按照人体及带电的方式和电流通过人体的途径,触电可分为哪几类?

2. 电流对人体的伤害程度与哪些因素有关?

任务二　灭火器的使用

任务描述

某车间在生产过程中,正在运行的旋转电动机发生火灾,需要选择合适的灭火器进行初起火灾的扑灭。

学习目标

一、知识目标

①电气火灾的原因。
②常用灭火器的种类。
③电气灭火常识。

二、技能目标

正确选择灭火器并进行灭火操作。

知识准备

一、电气火灾发生的原因

电气电路、电动机、油浸电力变压器、开关设备、电灯、电热设备等不同电气设备,由于其结构、运行各有特点,引发火灾和爆炸的危险性和原因也各不相同。但总的来看,除设备缺陷、安装不当等设计和施工方面的原因外,在运行中,电流的热量和电流的火花或电弧是引发火灾的直接原因。

1. 危险温度

危险温度是电气设备过热造成的，而电气设备过热主要是由电流的热量造成的。导体的电阻虽然很小，但其电阻总是客观存在的。因此，电流通过导体时要消耗一定的电能。

电气设备运行时总要发热，但是，正确设计、正确施工、正确运行的电气设备稳定运行时，即发热与散热平衡时，其最高温度和最高温升（即最高温度与周围环境温度之差）都不会超过某一允许范围。

这就是说，电气设备正常的发热是允许的。但当电气设备的正常运行遭到破坏时，发热量增加，温度升高，在一定条件下可以引起火灾。

引起电气设备过度发热的不正常运行大体包括以下几种情况：

（1）短路

发生短路时，电路中的电流增加为正常时的几倍甚至几十倍，而产生的热量与电流的平方成正比，使得温度急剧上升。当温度达到可燃物的自燃点时，即引起燃烧，从而可以导致火灾。

由于电气设备的绝缘老化变质，或受到高温、潮湿或腐蚀的作用而失去绝缘能力，即可能引起短路事故。例如，把绝缘导线直接缠绕、钩挂在铁钉或其他金属导体物件上时，因为长时间的磨损腐蚀，很容易破坏导线的绝缘层从而造成短路。

由于在设备的安装检修过程中，操作不当或工作疏忽，可能使电气设备的绝缘受到机械损伤、接线和操作错误而形成短路。相线与中性线直接或通过机械设备金属部分短路时，会产生更大的短路电流而加大危险性。

由于雷击等过电压的作用，电气设备的绝缘可能被击穿而造成短路。小动物、生长的植物侵入电气设备内部，导电性粉尘、纤维进入电气设备内部沉积，或电气设备受潮等都可能造成短路。

（2）过载

过载也会引起电气设备过热。造成过载大体上有如下3种情况：

①设计选用电路设备不合理，或没有考虑适当的裕量，以致在正常负载下出现过热。

②使用不合理，即管理不严、乱拉乱接造成电路或设备超负荷工作，或连续使用时间过长导致电路或设备的运行时间超出设计承受极限，或设备的工作电流、电压或功率超过设备的额定值等都会造成过热。

③设备故障运行会造成设备和电路过负载。例如，三相电动机缺一相运行或三相变压器不对称运行均可能造成过载。

（3）接触不良

接触部位是电路中的薄弱环节，是发生过热的一个重点部位。

不可拆卸的接头连接不牢、焊接不良或接头处混有杂质,都会增加接触电阻而导致接头过热。可拆卸的接头连接不紧密或由于振动而松动也会导致接头发热,这种发热在大功率电路中,表现得尤为严重。

至于电气设备的活动触点,如刀开关的触点、接触器的触点、插式熔断器(插保险)的触点、插销的触点、滑线变阻器的滑动接触处等,如果没有足够的接触压力或接触表面粗糙不平,均可能增大接触电阻,导致过热而产生危险温度。由于各种导体间的物理、化学性质差异,不同种类的导体连接处极容易产生危险温度,如铜和铝电性不同,铜铝接头易因电解作用而腐蚀从而导致接头处过热。

由于电气设备接地线接触不良或未接地,导致漏电电流集中在某一点引起严重的局部过热,产生危险温度。

(4)铁芯发热

变压器、电动机等设备的铁芯,会因为铁芯绝缘损坏或长时间超电压、涡流损耗和磁滞损耗增加而过热,产生危险温度。

带有电动机的电气设备,如果轴承损坏或被卡住,造成停转或堵转,都会产生危险温度。

(5)散热不良

各种电气设备在设计和安装时都考虑有一定的散热或通风措施,如果这些措施受到破坏,即造成设备过热。例如,油管堵塞、通风道堵塞或安装位置不好,都会使散热不良,造成过热。

日常生活的家用电器,如电磁炉、白炽灯泡外壳、电熨斗等表面都有很高温度,若安装或使用不当,均可能引起火灾。

2. 电火花和电弧

电火花是电极间的击穿放电,电弧是大量的电火花汇集而成的。

一般电火花的温度很高,特别是电弧,温度可高达3 000~6 000 ℃,因此,电火花和电弧不仅能引起可燃物燃烧,还能使金属熔化、飞溅,构成危险的火源。在日常生产和生活中,电火花很常见。电火花大体包括工作火花和事故火花两类:

①工作火花是指电气设备正常工作时或正常操作过程中产生的火花,如直流电动机电刷与整流子滑动接触处、交流电动机电刷与滑环滑动接触处电刷后方的微小火花,开关或接触器开合时的火花,插销拔出或插入时的火花等。

②事故火花包括电路或设备发生故障时出现的火花。例如,电路发生故障,熔丝熔断时产生的火花;又如,导线过松导致短路或接地时产生的火花。事故火花还包括由外来原因产生的火花,如雷电火花、静电火花、高频感应电火花等。

灯泡破碎时瞬时温度达2 000~3 000 ℃的灯丝有类似火花的危险作用。电动机转子和定子发生摩擦(扫膛)或风扇与其他部件碰撞产生的火花,属于机械性质火花,同样可以引起火灾爆炸事故,也应加以防范。

二、常用灭火器种类

1. 干粉灭火器

干粉灭火器内部装有磷酸铵盐等干粉灭火剂,这种干粉灭火剂具有易流动性、干燥性,由无机盐和粉碎干燥的添加剂组成,可有效扑救初起火灾。

(1)分类

①按照充装干粉灭火剂的种类可以分为:普通干粉灭火器;超细干粉灭火器。

②按照可扑灭的火灾类型可分为 ABC 类和 BC 类 2 种。根据燃烧的物质种类火灾可分为 A 类:含碳固体火灾;B 类:可燃液体火灾;C 类:可燃气体火灾;D 类:金属火灾;E 类:带电燃烧火灾。

(2)灭火原理

干粉灭火器内充装的是磷酸铵盐干粉灭火剂。干粉灭火剂是用于灭火的干燥且易于流动的微细粉末,由具有灭火效能的无机盐和少量添加剂经干燥、粉碎、混合而成微细固体粉末组成。用灭火器灭火时,将灭火剂喷射出,附着在着火点,将着火点与空气隔绝,从而达到灭火的目的。

(3)适用范围

干粉灭火器是利用二氧化碳气体或氮气气体作动力,将筒内的干粉喷出灭火的。干粉是一种干燥的、易于流动的微细固体粉末,由能灭火的基料和防潮剂、流动促进剂、结块防止剂等添加剂组成。主要用于扑救石油、有机溶剂等易燃液体、可燃气体和电气设备的初期火灾,不能用于扑救旋转电气设备火灾。

(4)使用方法

干粉灭火器最常用的开启方法为压把法。将灭火器提到距火源 2 m 左右的位置后,先上下颠倒几次,使筒内的干粉松动,然后让喷嘴对准燃烧最猛烈处,拔去保险销,压下压把,灭火剂便会喷出灭火,如图 4-2-1 所示。

2. 二氧化碳灭火器

二氧化碳灭火器(见图 4-2-2)内充装的是液态的二氧化碳,具有较高的密度,约为空气的 1.5 倍。在常压下,液态的二氧化碳会立即汽化,因而,灭火时二氧化碳气体可以排除空气而包围在燃烧物体的表面或分布于较密闭的空间,降低可燃物周围或防护空间内的氧浓度,产生窒息作用而灭火。另外,二氧化碳从储存容器中喷出时,会由液体迅速汽化成气体,而从周围吸收部分热量,起到冷却的作用。

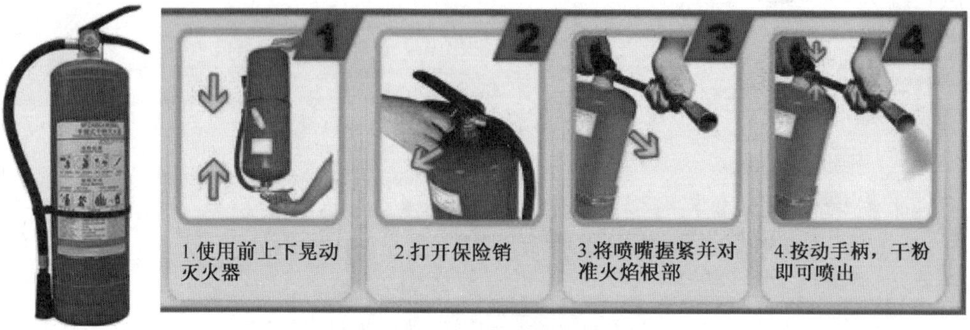

图 4-2-1　干粉灭火器及使用方法

图 4-2-2　二氧化碳灭火器

(1)灭火原理

在加压时将液态二氧化碳压缩在小钢瓶中,灭火时再将其喷出,有降温和隔绝空气的作用。

(2)适用范围

二氧化碳有流动性好、喷射率高、不腐蚀容器和不易变质等优良性能,用来扑灭图书、档案、贵重设备、精密仪器、600 V 以下电气设备及油类的初起火灾。

(3)使用方法

先拔出保险销,再压合压把,将喷嘴对准火焰根部喷射。

3. 泡沫灭火器

(1)分类

泡沫灭火器可分为手提式泡沫灭火器、推车式泡沫灭火器和空气式泡沫灭火器,最常见的手提式泡沫灭火器如图 4-2-3 所示。

图 4-2-3　手提式泡沫灭火器

（2）灭火原理

使用泡沫灭火器灭火时，能喷射出大量泡沫，它们能黏附在可燃物上，使可燃物与空气隔绝，同时降低温度，破坏燃烧条件，达到灭火的目的。

（3）适用范围

可用来扑灭 A 类火灾，如木材、棉布等固体物质燃烧引起的失火；最适宜扑救 B 类火灾，如汽油、柴油等液体火灾；不能扑救水溶性可燃、易燃液体的火灾（如醇、酯、醚、酮等物质）和 E 类（带电）火灾。

（4）使用方法

化学泡沫灭火器内有两个容器，分别盛放两种液体：硫酸铝和碳酸氢钠溶液，分别放置在内筒和外筒。当需要泡沫灭火器时，把灭火器倒立，两种溶液混合在一起，就会产生大量的二氧化碳气体。

4. 水基型灭火器

水基型灭火器（见图 4-2-4）是一种适用于扑救易燃固体或非水溶性液体的初起火灾，在设备电源切断后，可扑救设备火灾的灭火器，使用期限为 6 年。

（1）灭火原理

通过内部装有 AFFF 水成膜泡沫灭火剂和氮气产生的泡沫喷射到燃料表面，泡沫层析出的水在燃料表面形成一层水膜，使可燃物与空气隔绝。

（2）适用范围

适用于扑救易燃固体或非水溶性液体的初起火灾，可扑救带电设备的火灾，是木竹类、织物、纸张及油类物质的开发加工、储运等场所的消防必备品。

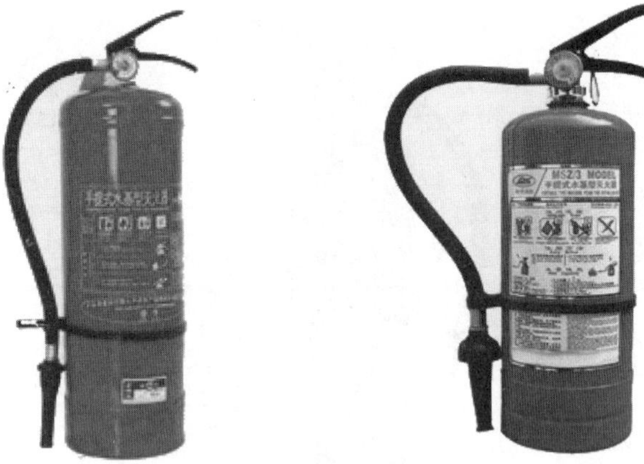

图 4-2-4　水基型灭火器

三、电气灭火常识

与一般火灾相比,电气火灾有两个显著特点:其一是着火的电气设备可能带电,扑灭时若不注意就会发生触电事故;其二是有些电气设备充有大量的油(如电力变压器、多油断路器等),一旦着火,可能发生喷油甚至爆炸事故,造成火焰蔓延,扩大火灾范围。因此,根据现场情况,可以断电的应断电灭火,无法断电的则带电灭火。

1. 断电安全要求

发现起火后,首先要设法切断电源。切断电源要注意以下几点:

①火灾发生后,由于受潮或烟熏,开关设备绝缘能力降低,因此,拉闸时最好用绝缘工具操作。

②高压应先操作断路器而不应该先操作隔离开关切断电源,低压应先操作磁力启动器后操作刀开关切断电源,以免引起电弧。

③切断电源时要选择适当的范围,防止切断电源后影响灭火工作。

④剪断电线时,不同相电线应在不同部位剪断,以免造成短路;剪断空中电线时,剪断位置应选择在电源方向的支持物附近,以防止电线切断后断落下来造成接地短路和触电事故。

2. 带电灭火安全要求

有时为了争取灭火时间,防止火灾扩大来不及断电,或因生产需要或其他原因不能断电,则需要带电灭火。带电灭火需要注意以下几点:

①应按灭火器和电气起火的特点,正确选择和使用适当的灭火器。

二氧化碳灭火器可用于 600 V 以下的带电灭火。灭火时,先将灭火器提到起火地点放好,再拔出保险销,一手握住喇叭筒根部的手柄,一手紧握启闭阀的压把。如果二氧化碳灭火器没有喷射软管,应把喇叭筒上扳70°~90°。使用时,不能直接用手抓住喇叭筒外壁或金属连接管,防止手被冻伤。在室外使用,灭火时应选择上风方向喷射。在室内窄小空间使用时,灭火后灭火人员应迅速离开,防止窒息。

干粉灭火器可用于50 kV以下的带电灭火。最常用的开启方法为压把法:将灭火器提到距火源适当位置后,先上下颠倒几次,使筒内的干粉松动,然后让喷嘴对准燃烧最猛烈处,拔去保险销,压下压把,灭火剂便会喷出灭火。开启干粉灭火棒时,左手握住其中部,将喷嘴对准火焰根部,右手拔掉保险卡,旋转开启旋钮,打开储气瓶,干粉便会喷出灭火。

泡沫灭火器喷出的灭火剂泡沫中含有大量水分,有导电性,导致使用触电,因此不宜用于带电灭火。

②用水枪灭火时宜采用喷雾水枪,带电灭火为防止通过水柱的泄漏电流通过人体,可以将水枪喷嘴接地,让灭火人员穿戴绝缘手套和绝缘靴或穿戴均压服操作。

③人体与带电体之间保持必要的安全距离,用水灭火时,水枪喷嘴至带电体的距离:电压110 kV及以下者不应小于3 m, 220 kV及以上者不应小于5 m,用二氧化碳等有不导电灭火剂的灭火器灭火时,机体、喷嘴至带电体的最小距离:10 kV时不应小于0.4 m,35 kV时不应小于0.6 m等。

④对架空电路等空中设备进行灭火时,人体位置与带电体之间的仰角不应超过45°,以防导线断落危及灭火人员的安全。

⑤如遇带电导线断落地面,应在周围设立警戒区,防止跨步电压伤人。

3. 充油设备灭火要求

充油设备的油,闪点多在130~140 ℃之间,有较大的危险性。如果只在设备外部起火,可用二氧化碳(600 V以下)、干粉灭火器带电灭火。灭火时,灭火人员应站在上风侧,避免灭火人员被火焰烧伤烫伤,或者受烟雾、风向影响降低灭火效果。如果火势较大,应切断电源,方可用水灭火。当油箱破坏、喷油燃烧,火势很大时,除切除电源外,有事故储油坑的应设法将油放进储油坑,坑内和地上的油火可用泡沫灭火器扑灭;要防止燃烧着的油流入电缆沟而顺沟蔓延,电缆沟内的油火只能用泡沫覆盖扑灭。

发电机和电动机等旋转电动机起火时,为防止轴和轴承变形,可令其慢慢转动,用喷雾水灭火,并使其均匀冷却;也可用二氧化碳、蒸汽、干粉灭火,但使用干粉会有残留,灭火后难清理。

任务实施

一、任务要求

选择合适类型的灭火器对车间正在运行的旋转电动机的初起火灾进行扑救。

二、操作流程

1. 切断电源

发现设备起火,首先设法切断电源。

2. 选择合适的灭火器

由于发生火灾的设备是正在运行的旋转电动机,不能使用含有水的灭火器,再者,旋转电动机,若采用粉末状的灭火剂灭火,会对绕组及转子造成污染,对后续的使用造成不便,因此,旋转电动机起火应使用二氧化碳灭火器。

3. 使用二氧化碳灭火器进行灭火

①带上棉手套防止冻伤。

②站在距离火源 2 m 左右的上风口,左手提灭火器提柄,拉开保险插销,右手握住灭火器喷管中间部位,对准火源小心喷射。

4. 二氧化碳灭火器使用注意事项

①站在上风口喷射,因为当二氧化碳浓度达到 10% 时,会使人窒息。

②在使用二氧化碳灭火器时应注意防止冻伤,因为干冰的温度可以达到零下几十度。

5. 灭火器使用完保管

灭火器使用完,应交给专人保管,并及时进行更换,以便下次使用。

三、检查评价

对任务的实施完成情况进行评分,评分标准见表 4-2-1。

表 4-2-1　评分标准

序号	考 评 内 容	配分	扣 分 原 因	扣分	得分
1	灭火常识	6	灭火常识不完整　扣 1~5 分 灭火常识不正确　扣 6 分		
2	灭火器的选用	6	不公选用灭火器　扣 6 分		
3	操作使用灭火器	8	不能正确操作灭火器　扣 1~8 分		
合　计		20			

自我测试

1. 当低压电气火灾发生时,首先应做的是__________。

2. 干粉灭火器可适用于________ kV 以下电路带电灭火。

3. 电气火灾的引发是由于危险温度的存在，危险温度的引发主要是由于______________。

4. 当电气设备发生火灾时，应首先切断电源再灭火。但当电源无法切断时，只能带电灭火，500 V 低压配电柜灭火可选用______________灭火器进行灭火。

5. 带电灭火时，如用二氧化碳灭火器的机体和喷嘴距 10 kV 以下高压带电体不得小于______________ m。

附录 A　模拟考试练习题

一、单选题

1. (　　)仪表由固定的永久磁铁、可转动的线圈以及转轴、游丝、指针、机械调零机构等组成。

A. 磁电式　　B. 电磁式　　C. 感应式

2. 用星-三角降压启动时,启动转矩为直接采用三角形连接时启动转矩的(　　)。

A. 1/2　　B. 1/4　　C. 1/3

3. 尖嘴钳 150 mm 是指(　　)。

A. 其绝缘手柄为 150 mm

B. 其总长度为 150 mm

C. 其开口 150 mm

4. 荧光灯的主要缺点是(　　)。

A. 使用寿命短　　B. 发光效率低　　C. 功率因数低

5. 人体内电阻约为(　　)Ω。

A. 300　　B. 200　　C. 500

6. (　　)仪表可直接用于交、直流测量,但精确度低。

A. 磁电式　　B. 电磁式　　C. 电动式

7. 导线接头要求应接触紧密和(　　)等。

A. 拉不断　　B. 牢固可靠　　C. 不会发热

8. 纯电容元件在电路中(　　)电能。

A. 储存　　B. 分配　　C. 消耗

9. 对于夜间影响飞机或车辆通行的,在建机械设备上安装的红色信号灯,其电源设在总开关(　　)。

A. 前侧　　B. 左侧　　C. 后侧

10. 具有反时限安秒特性的元件具备短路保护和(　　)保护能力。

A. 机械　　B. 温度　　C. 过载

11. 接地电阻测量仪主要由手摇发电机、(　　)、电位器,以及检流计组成。

A. 电流互感器　　B. 电压互感器　　C. 变压器

12. 三相异步电动机虽然种类繁多,但基本结构均由(　　)和转子两大部分组成。

A. 外壳　　B. 定子　　C. 罩壳及机座

13. 电容器组允许在其(　　)倍额定电压下长期运行。

A. 1.2　　B. 1.1　　C. 1.3

14. 行程开关的组成包括(　　)。

A. 保护部分　　B. 线圈部分　　C. 反力系统

15. 在易燃、易爆危险场所,电气设备应安装(　　)的电气设备。

A. 密封性好　　B. 安全电压　　C. 防爆型

16. 静电防护的措施比较多,下面常用又行之有效的可消除设备外壳静电的方法是(　　)。

A. 接地　　B. 接零　　C. 串接

17. 电感式荧光灯镇流器的内部是(　　)。

A. 电子电路　　B. 线圈　　C. 振荡电路

18. 下列材料不能作为导线使用的是(　　)。

A. 铜绞线　　B. 钢绞线　　C. 铝绞线

19. 钳形电流表由电流互感器和带(　　)的磁电式表头组成。

A. 测量电路　　B. 整流装置　　C. 指针

20. 铁壳开关的电气图形为(　　),文字符号为 QS。

A. 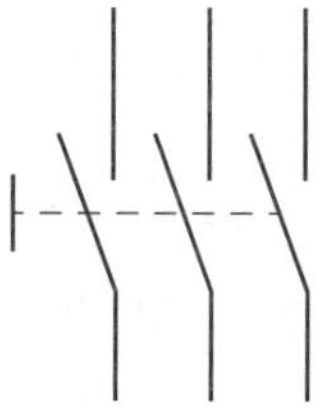　　B. 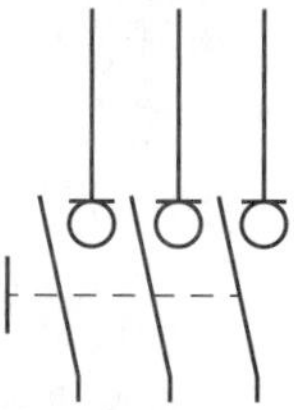　　C. 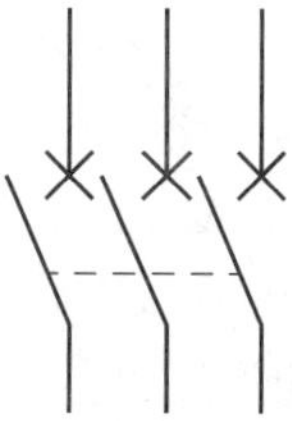

21. 电容器在用万用表检查时指针摆动后应该(　　)。

A. 保持不动　　B. 逐渐回摆　　C. 来回摆动

22. 断路器是通过手动或电动等操作机构使断路器合闸,通过(　　)装置使断路器自动跳闸,达到故障保护目的。

A. 活动　　B. 自动　　C. 脱扣

23. 在电力控制系统中,使用最广泛的是(　　)式交流接触器。

A. 气动　　B. 电磁　　C. 液动

24. 三相笼形异步电动机的启动方式有两类,即在额定电压下的直接启动和(　　)启动。

A. 转子串频敏变阻器　　B. 转子串电阻　　C. 降低启动电压

25. 万用表电压量程 2.5 V 是当指针指在(　　)位置时电压值为 2.5 V。

A. 1/2 量程　　B. 满量程　　C. 2/3 量程

26. 暗装的开关及插座应有(　　)。

A. 明显标识　　B. 盖板　　C. 警示标识

27. 在一般场所,为保证使用安全,应选用(　　)电动工具。

A. Ⅰ类　　B. Ⅱ类　　C. Ⅲ类

28. 笼形异步电动机采用电阻降压启动时,启动次数(　　)。

A. 不允许超过3次/小时　　B. 不宜太少　　C. 不宜过于频繁

29. 漏电保护断路器在设备正常工作时,电路电流的相量和(　　),开关保持闭合状态。

A. 为负　　B. 为正　　C. 为零

30. 据一些资料表明,心跳呼吸停止,在(　　)min内进行抢救,约80%可以救活。

A. 1　　B. 2　　C. 3

31. 移动式电气设备的电源线应采用(　　)类型软电缆。

A. 带有屏蔽层　　B. 橡皮绝缘　　C. 塑胶绝缘

32. 一般照明场所的线路允许电压损失为额定电压的(　　)。

A. ±5%　　B. ±10%　　C. ±15%

33. 在电路中,开关应控制(　　)。

A. 零线　　B. 相线　　C. 地线

34. 螺旋式熔断器的电源进线应接在(　　)。

A. 上端　　B. 下端　　C. 前端

35. 在安装电气线路时,导线与导线或导线与电气螺栓之间的连接最易引发火灾的连接工艺是(　　)。

A. 铜线与铝线绞接　　B. 铝线与铝线绞接　　C. 铜铝过渡接头压接

36. 交流接触器的额定工作电压,是指在规定条件下,能保证电器正常工作的(　　)电压。

A. 最低　　B. 最高　　C. 平均

37. 连接电容器的导线的长期允许电流不应小于电容器额定电流的(　　)。

A. 110%　　B. 120%　　C. 130%

38. 熔断器的保护特性又称为(　　)。

A. 灭弧特性　　B. 安秒特性　　C. 时间性

39. 从制造角度考虑,低压电器是指在交流50 Hz、额定电压(　　)V或直流额定电压1 500 V及以下电气设备。

A. 800　　B. 400　　C. 1 000

40. 线路或设备的绝缘电阻的测量是用(　　)测量。

A. 万用表的电阻挡 B. 兆欧表 C. 接地摇表

41. 降压启动是指启动时降低加在电动机( )绕组上的电压,启动运转后,再使其电压恢复到额定电压正常运行。

A. 定子 B. 转子 C. 定子及转子

42. 保险绳的使用应( )。

A. 高挂低用 B. 低挂调用 C. 保证安全

43. 低压电器按其动作方式又可分为自动切换电器和( )电器。

A. 非自动切换 B. 非电动 C. 非机械

44. 依据《特种作业人员安全技术培训考核管理规定》,离开特种作业岗位( )以上的特种作业人员,应当重新进行实际操作考试,经确认合格后方可上岗作业。

A. 6个月 B. 一年 C. 三年

45. 电流对人体的热效应造成的伤害是( )。

A. 电烧伤 B. 电烙印 C. 皮肤金属化

46. ( )仪表由固定的线圈、可转动的铁芯及转轴、游丝、指针、机械调零机构等组成。

A. 磁电式 B. 电磁式 C. 感应式

47. 测量接地电阻时,电位探针应接在距接地端( )m的地方。

A. 5 B. 20 C. 40

48. 低压熔断器,广泛应用于低压供配电系统和控制系统中,主要用于( )保护,有时也可用于过载保护。

A. 速断 B. 短路 C. 过流

49. 手持电动工具按触电保护方式分为( )类。

A. 2 B. 3 C. 4

50. 主令电器很多,其中有( )。

A. 接触器 B. 行程开关 C. 热继电器

51. 确定正弦量的三要素为( )。

A. 相位、初相位、相位差 B. 最大值、频率、初相角 C. 周期、频率、角频率

52. 安培定则也称为( )。

A. 右手定则 B. 左手定则 C. 右手螺旋法则

53. 在半导体电路中,主要选用快速熔断器做( )保护。

A. 短路 B. 过压 C. 过热

54. 人体直接接触带电设备或线路中的一相时,电流通过人体流入大地,这种触电现象称为( )触电。

A. 单相　B. 两相　C. 三相

55. 选择电压表时,其内阻(　　)被测负载的电阻为好。

A. 远小于　B. 远大于　C. 等于

56. 指针式万用表一般可以测量交直流电压、(　　)电流和电阻。

A. 交流　B. 交直流　C. 直流

57. 下列现象中,可判定是接触不良的是(　　)。

A. 荧光灯启动困难　B. 灯泡忽明忽暗　C. 灯泡不亮

58. 电容器属于(　　)设备。

A. 运动　B. 危险　C. 静止

59. 特种作业操作证有效期为(　　)年。

A. 8　B. 12　C. 6

60. 更换熔体或熔管,必须在(　　)的情况下进行。

A. 带电　B. 不带电　C. 带负载

61. 钳形电流表使用时应先用较大量程,然后再视被测电流的大小变换量程。切换量程时应(　　)。

A. 直接转动量程开关　B. 先退出导线,再转动量程开关

C. 一边进线一边换挡

62. 高压验电器的发光电压不应高于额定电压的(　　)%。

A. 25　B. 50　C. 75

63. 螺丝刀的规格是以柄部外面的杆身长度和(　　)表示。

A. 厚度　B. 半径　C. 直径

64. 利用交流接触器作欠压保护的原理是当电压不足时,线圈产生的(　　)不足,触点分断。

A. 磁力　B. 涡流　C. 热量

65. 从实际发生的事故中可以看到,70%以上的事故都与(　　)有关。

A. 人为过失　B. 技术水平　C. 人的情绪

66. 在爆炸危险场所,对使用电气设备有较一般场所更高的要求。主要采取的措施不正确的是(　　)。

A. 单相电气设备供电相线或工作零线安装短路保护装置

B. 电气设备、金属管道等成等电位接地

C. 选用相应环境等级的防爆电气设备

67. 电气火灾发生时,应先切断电源再扑救,但不知或不清楚开关在何处时,应剪断电线,剪切时要(　　)。

A. 几根线迅速同时剪断　B. 不同相线在不同位置剪断

C. 在同一位置一根一根剪断

68. 低压带电作业的安全要求是(　　)。

A. 有人监护不必戴绝缘手套

B. 戴绝缘手套,不需要有人监护

C. 既要戴绝缘手套,又要有人监护

69. 依据《中华人民共和国职业病防治法》,存在职业病危害因素的用人单位,应当在醒目位置(　　),公布有关职业病防治的规章制度、操作规程、职业病危害事故应急救援措施和工作场所职业病危害因素检测结果。

A. 开展宣传　　B. 设置公告栏　　C. 进行提示

70. 对于用电设备的电气部分,按设备的具体情况常备有电气箱、控制柜,或装于设备的壁龛内作为(　　)。

A. 防护装置　　B. 接地保护　　C. 屏护装置

71. 接地线应用多股软裸铜线,其截面积不得小于(　　)mm^2。

A. 10　　B. 6　　C. 25

72. 以下属于主令电器的是(　　)。

A. 热继电器　　B. 行程开关　　C. 接触器

73. 根据线路电压等级和用户对象,电力线路可分为配电线路和(　　)线路。

A. 照明　　B. 动力　　C. 送电

74. 在对可能存在较高跨步电压的接地故障点进行检查时,室内不得接近故障点(　　)m 以内。

A. 3　　B. 2　　C. 4

75. 绝缘材料的耐热等级为 E 级时,其极限工作温度为(　　)℃。

A. 105　　B. 90　　C. 120

76. 用摇表测量电阻的单位是(　　)。

A. 千欧　　B. 欧姆　　C. 兆欧

77. 对电机各绕组的绝缘进行检查,若测出绝缘电阻为零,在发现无明显烧毁的现象时,则可进行烘干处理,这时(　　)通电运行。

A. 允许　　B. 不允许　　C. 烘干好后就可

78. 照明线路熔断器熔体的额定电流取线路计算电流的(　　)倍。

A. 0.9　　B. 1.1　　C. 1.5

79. 当一个熔断器保护一盏灯时,熔断器应串联在开关(　　)。

A. 前　　B. 后　　C. 中

80. 笼形异步电动机常用的降压启动有(　　)启动、自耦变压器降压启动、星三角降压启动。

A. 转子串电阻　　B. 串电阻降压　　C. 转子串频敏

81. 电工钢丝钳的用途不包括(　　)。

A. 钳口用来弯绞或钳夹导线线头

B. 手柄用来敲击螺栓

C. 齿口用来紧固或起松螺母

82. 我们使用的照明电压为 220 V,这个值是交流电的(　　)。

A. 有效值　　B. 最大值　　C. 恒定值

83. 依据《特种作业人员安全技术培训考核管理规定》,特种作业人员的年龄应当年满(　　)周岁。

A. 18　　B. 20　　C. 16

84. 依据《生产安全事故应急条例》,参加生产安全事故现场应急救援的单位和个人应当服从(　　)的统一指挥。

A. 当地政府　　B. 企业主要负责人　　C. 现场指挥部

85. 低压断路器触点的银钨合金表面烧伤超过 1 mm 时,应(　　)。

A. 打磨触点接触面　　B. 更换触点　　C. 调整触点位置

86. (　　)的电机,在通电前,必须先做各绕组的绝缘电阻检查,合格后才可通电。

A. 不常用,但电机刚停止不超过一天

B. 一直在用,停止没超过一天

C. 新装或未用过的

87. 螺口灯头的螺纹应与(　　)相接。

A. 零线　　B. 相线　　C. 地线

88. 依据《中华人民共和国安全生产法》,生产经营单位应当(　　)从业人员严格执行本单位的安全生产规章制度和安全操作规程;并向从业人员如实告知作业场所和工作岗位存在的危险因素、防范措施以及事故应急措施。

A. 通知　　B. 教育和督促　　C. 鼓励

89. Ⅱ类手持电动工具是带有(　　)绝缘的设备。

A. 防护　　B. 基本　　C. 双重

90. 断路器的电气图形为(　　)。

A. 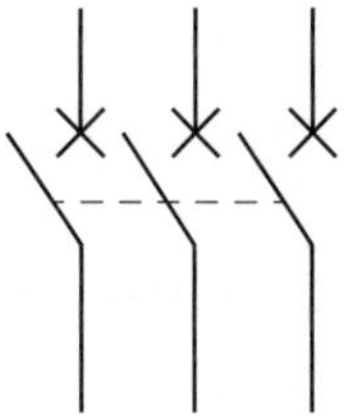　　B. 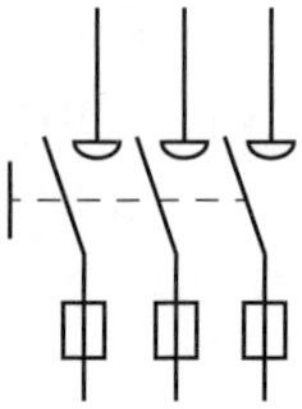　　C. 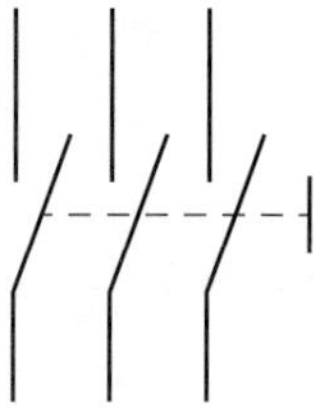

91. 在对 380 V 电机各绕组的绝缘检查中,发现绝缘电阻(　　),则可初步判定为电动机受潮所致,应对电机进行烘干处理。

A. 大于 0.5 MΩ　　B. 小于 10 MΩ　　C. 小于 0.5 MΩ

92. 提高功率因数的方法有(　　)和提高自然功率因数。

A. 减少用电　　B. 减少负载　　C. 人工无功补偿

93. 穿管导线内最多允许(　　)个导线接头。

A. 1　　B. 2　　C. 0

94. PE 线或 PEN 线上除工作接地外其他接地点的再次接地称为(　　)接地。

A. 直接　　B. 间接　　C. 重复

95. 电流继电器使用时其吸引线圈直接或通过电流互感器(　　)在被控电路中。

A. 并联　　B. 串联　　C. 串联或并联

96. 笼形异步电动机降压启动能减少启动电流,但由于电机的转矩与电压的平方成(　　),因此降压启动时转矩减少较多。

A. 反比　　B. 正比　　C. 对应

97. “禁止攀登,高压危险!”的标识牌应制作为(　　)。

A. 白底红字　　B. 红底白字

C. 白底红色圆形斜杠黑字

98. 存在职业病危害因素的用人单位,其工作场所的设立除应当符合法律、行政法规规定的条件外,还应当做到(　　)。

A. 有与职业危害防护相关的宣传栏

B. 职业病危害因素的强度或者浓度符合国家职业卫生标准

C. 设备、工具、用具等设施能满足生产需求

99. 电动机的转子按其结构可分为(　　)和绕线型。

A. 笼形　　B. 星形　　C. 三角形

100. 带电物体相互作用是因为带电物体周围存在着(　　)。

A. 磁场　　B. 电场　　C. 电压

101. 除对(　　)起保护作用外,端盖还借助滚动轴承将电动机转子和机座连成一个整体。

A. 转子　　B. 内部　　C. 外壳

102. 电容量的单位是(　　)。

A. 法　　B. 乏　　C. 安时

103. 测量电动机线圈对地的绝缘电阻时,摇表的 L、E 两个接线柱应(　　)。

A. E 接在电动机出线的端子,L 接电动机的外壳
B. L 接在电动机出线的端子,E 接电动机的外壳
C. 随便接,没有规定

104. 万用表使用完毕应将转换开关置于(　　)。
A. 交流电流最大挡　B. 最高电阻挡　C. OFF 挡

105. 在实际应用中,常将(　　)定为设备的额定容量,并标在铭牌上。
A. 无功功率 Q　B. 有功功率 P　C. 视在功率 S

106. 一般防护安全用具不包括(　　)。
A. 绝缘鞋　B. 警告牌和标识牌　C. 安全带

107. 下列材料中,导电性能最好的是(　　)。
A. 铝　B. 铜　C. 铁

108. 低压线路中的零线采用的颜色是(　　)。
A. 深蓝色　B. 淡蓝色　C. 黄绿双色

109. 钳形电流表测量电流时,可以在(　　)电路的情况下进行。
A. 短接　B. 断开　C. 不断开

110. 热继电器的保护特性与电动机过载特性贴近,是为了充分发挥电机的(　　)能力。
A. 过载　B. 控制　C. 节流

111. 电容器室的环境温度超过(　　)时,均应将其退出运行。
A. ±40 ℃　B. ±35 ℃　C. ±30 ℃

112. 电容器组禁止(　　)。
A. 带电合闸　B. 带电荷合闸　C. 停电合闸

113. 在狭窄场所如锅炉、金属容器、管道内作业时应使用(　　)工具。
A. Ⅱ类　B. Ⅰ类　C. Ⅲ类

114. 依据《中华人民共和国劳动法》,订立和变更劳动合同,应当遵循(　　)的原则,不得违反法律、行政法规的规定。
A. 多方协商　B. 明确双方权利和义务
C. 平等自愿、协商一致

115. 依据《最高人民法院、最高人民检察院关于办理危害生产安全刑事案件适用法律若干问题的解释》规定,构成《刑法》规定的安全生产的犯罪行为,在安全事故发生后积极组织、参与事故抢救,或者积极配合调查、主动赔偿损失的,(　　)。
A. 可以酌情从轻处罚　B. 不可以从轻处罚　C. 可以免予处罚

116. 万用表实质是一个带有整流器的(　　)仪表。
A. 磁电式　B. 电磁式　C. 电动式

117. 相线应接在螺口灯头的(　　)。

A. 中心端子　　B. 螺纹端子　　C. 外壳

118. 导线接头缠绝缘胶布时,后一圈压在前一圈胶布宽度的(　　)。

A. 1/3　　B. 1/2　　C. 1

119. 电工特种作业人员复审培训时间应不少于(　　)学时。

A. 4　　B. 8　　C. 16

120. 正确选用电器应遵循的两个基本原则是安全原则和(　　)原则。

A. 性能　　B. 经济　　C. 功能

121. 敷设在管内的电缆可采用(　　),也可采用裸铠装电缆。

A. 橡胶护套电缆　　B. 塑料护套电缆　　C. 纸绝缘电缆

122. 利用(　　)来降低加在定子三相绕组上的电压的启动称为自耦降压启动。

A. 自耦变压器　　B. 频敏变压器　　C. 电阻器

123. 并联电力电容器的作用是(　　)。

A. 降低功率因数　　B. 提高功率因数　　C. 维持电流

124. 《电能质量 供电电压偏差》规定 10 kV 及以下三相供电电压允许偏差为额定电压的(　　)。

A. ±10%　　B. ±7%　　C. ±5%

125. 交流接触器的机械寿命是指不带负载的操作次数,一般达(　　)。

A. 10 万次以下　　B. 600~1 000 万次　　C. 10 000 万次以上

126. 依据《特种作业人员安全技术培训考核管理规定》,特种作业操作证需要复审的,应当在期满前(　　)日内,由申请人或者申请人的用人单位向原考核发证机关或者从业所在地考核发证机关提出申请。

A. 90　　B. 60　　C. 30

127. 按照计数方法,电工仪表主要分为指针式仪表和(　　)式仪表。

A. 比较　　B. 电动　　C. 数字

128. 当车间发生电气火灾时,应首先切断电源,切断电源的首选方法是(　　)。

A. 报告负责人请求断总电源

B. 拉开断路器或者磁力开关

C. 拉开刀开关

129. 在狭窄场所(如锅炉、金属容器内等)使用Ⅱ类工具时,必须装设(　　)漏电保护器。

A. 动作电流不大于 30 mA

B. 动作电流不大于 50 mA

C. 动作电流不大于 15 mA

130. 电动机(　　)作为电动机磁通的通路,要求材料有良好的导磁性能。

A. 端盖　　B. 机座　　C. 定子铁芯

131. 人体同时接触带电设备或线路中的两相导体时,电流从一相通过人体流入另一相,这种触电现象称为(　　)触电。

A. 单相　　B. 两相　　C. 感应电

132. 依据《中华人民共和国职业病防治法》,(　　)必须采用有效的职业病防护设施,为劳动者提供个人使用的职业病防护用品。

A. 卫生行政部门　　B. 用人单位　　C. 劳动保障行政部门

133. 当发生电气火灾时,应首先切断电源再灭火,但当电源无法切断时,只能带电灭火,500 V 低压配电柜灭火不可选用的灭火器是(　　)。

A. 二氧化碳灭火器　　B. 干粉灭火器　　C. 泡沫灭火器

134. 电动机在额定工作状态下运行时,(　　)的机械功率称为额定功率。

A. 允许输入　　B. 允许输出　　C. 推动电机

135. 新装电容器投运前应按(　　)试验合格。

A. 企业自行制定的试验项目

B. 交接试验项目

C. 预防性试验项目

136. 合上电源开关,熔丝立即烧断,则线路(　　)。

A. 短路　　B. 漏电　　C. 电压太高

137. 电气火灾发生时,作为当班电工,应先切断电源再扑救,但为了不影响扑救,避免火灾范围进一步扩大,应采取的措施是(　　)。

A. 为了安全应立即切断总电源

B. 选择性地断开引起火灾的电源支路开关

C. 直接用水灭火

138. 在易燃、易爆危险场所,供电线路应采用(　　)方式供电。

A. 单相三线制,三相四线制

B. 单相三线制,三相五线制

C. 单相两线制,三相五线制

139. 异步电动机在启动瞬间,转子绕组中感应的电流很大,使定子流过的启动电流也很大,约为额定电流的(　　)倍。

A. 2　　B. 4~7　　C. 9~10

140. 电能表是测量(　　)用的仪器。

A. 电压　　B. 电流　　C. 电能

141. 下列有关使触电者脱离电源时的注意事项,说法错误的是(　　)。

A. 在触电人脱离电源的同时,要防止二次伤害事故

B. 如果是夜间抢救,要及时解决临时照明,以避免延误抢救时机

C. 高压触电时,用干燥木棍、竹竿去拨开高压线

142. 事故照明一般采用(　　)。

A. 荧光灯　　B. 白炽灯　　C. 高压汞灯

143. 下列灯具中功率因数最高的是(　　)。

A. 白炽灯　　B. 节能灯　　C. 荧光灯

144. 线路单相短路是指(　　)。

A. 电流太大　　B. 功率太大　　C. 零火线直接接通

145. 可能导致低压电器的绝缘和载流部分发热温度超过规定值的原因不包括(　　)。

A. 低压电器的连接桩头未可靠紧固

B. 低压电器通过的电流超过了电器的额定电流

C. 低压电器通过的电流超过了电器的额定容量

146. 依据《工伤保险条例》,职工发生事故伤害或者按照职业病防治法规定被诊断、鉴定为职业病,所在单位应当自事故伤害发生之日或者被诊断、鉴定为职业病之日起(　　)日内,向统筹地区劳动保障行政部门提出工伤认定申请。

A. 30　　B. 15　　C. 60

147. 导线接头、控制器触点等接触不良是诱发电气火灾的重要原因。所谓"接触不良",其本质原因是(　　)。

A. 触点、接触点电阻变化引发过电压

B. 触点接触点电阻变小引起电流增大

C. 触点、接触点电阻变大引起功耗增大

148. RT 系列熔断器属于(　　)。

A. 有填料密封管式熔断器

B. 无填料密封管式熔断器

C. 半导体保护用快速熔断器

149. 电气火灾的引发是由于危险温度的存在,危险温度的引发主要是由于(　　)。

A. 电压波动　　B. 设备负载轻　　C. 电流过大

150. 几种线路同杆架设时,必须保证高压线路在低压线路(　　)。

A. 右方　　B. 左方　　C. 上方

151. 在特别潮湿和金属容器内作业使用的照明电压不得超过(　　)V。

A. 15　　B. 12　　C. 24

152. 依据《中华人民共和国刑法》规定,在安全事故发生后,负有(　　)职责的人员不报或者谎报事故情况,贻误事故抢救,情节严重的,处三年以下有期徒刑或者拘役。

A. 报告　　B. 监督　　C. 管理

153. 当低压电气火灾发生时,首先应做的是(　　)。

A. 迅速离开现场去报告领导

B. 迅速设法切断电源

C. 迅速用干粉或者二氧化碳灭火器灭火

154. 碳在自然界中有金刚石和石墨两种存在形式,其中石墨是(　　)。

A. 绝缘体　　B. 导体　　C. 半导体

155. 电容器的功率属于(　　)。

A. 有功功率　　B. 无功功率　　C. 视在功率

156. 在易燃易爆场所使用的照明灯具应采用(　　)灯具。

A. 防爆型　　B. 防潮型　　C. 普通型

157. 更换和检修用电设备时,最好的安全措施是(　　)。

A. 切断电源　　B. 站在凳子上操作　　C. 戴橡皮手套操作

158. 作为电气工作者,必须熟知本工种的(　　)和施工现场的安全生产制度,不违章作业。

A. 安全操作规程　　B. 生产安排　　C. 工作时间

159. 引发电气火灾要具备的两个条件为:现场有(　　)和现场有引燃条件。

A. 干燥天气　　B. 可燃物质　　C. 温度

160. 胶壳刀开关在接线时,电源线接在(　　)。

A. 上端(静触点)　　B. 下端(动触点)　　C. 两端都可

161.《特种作业人员安全技术培训考核管理规定》所称的特种作业,是指容易发生人员伤亡事故,对操作者本人、他人及周围设施的安全有重大危害的作业。特种作业不包括(　　)。

A. 金属焊接切割作业　　B. 电工作业　　C. 机动车辆驾驶

162. 下列关于电动机的说法中,错误的是(　　)。

A. 使用改变磁极对数来调速的电机一般都是绕线型转子电动机

B. 异步电动机的转差率是旋转磁场的转速与电动机转速的差值与旋转磁场的转速之比

C. 再生发电制动只用于电动机转速高于同步转速的场合

163. 干粉灭火器可适用于(　　)kV 以下线路带电灭火。

A. 100　　B. 60　　C. 50

164. 电动机在额定工作状态下运行时,定子电路所加的(　　)称为额定电压。

A. 线电压　　B. 相电压　　C. 额定电压

165. 在正常环境下,一般要求并联电容器外壳最热点的温度不得大于(　　),否则,须查明原因进行处理。

A. 60 ℃　　B. 65 ℃　　C. 70 ℃

166. (　　)是登杆作业时必备的保护用具,无论用登高板或脚扣都要用其配合使用。

A. 安全带　　B. 梯子　　C. 手套

167. 脑细胞对缺氧最敏感,一般缺氧超过(　　)min 就会造成不可逆转的损害。

A. 5~8　　B. 2~4　　C. 4~6

168. 三相异步电动机按其(　　)的不同可分为开启式、防护式、封闭式三大类。

A. 供电电源的方式　　B. 外壳防护方式　　C. 结构型式

169. 依据《工伤保险条例》,职工因工作遭受事故伤害或者患职业病需要暂停工作接受工伤医疗的,在停工留薪期内,原工资福利待遇不变,由(　　)按月支付。

A. 工伤保险基金　　B. 劳动保障部门　　C. 用人单位

170. 交流接触器的电寿命约为机械寿命的(　　)倍。

A. 1　　B. 10　　C. 1/20

171. 低压电器可归为低压配电电器和(　　)电器。

A. 低压控制　　B. 电压控制　　C. 低压电动

172. 为克服铜、银材料作熔断器熔体时熔点高不易熔化的缺点,常用的办法是(　　)。

A. 将熔体冲成网状　　B. 采用冶金效应

C. 将熔体冲成变截面状

173. 断路器的选用,应先确定断路器的(　　),然后才进行具体的参数的确定。

A. 类型　　B. 额定电流　　C. 额定电压

174. 电流表的符号是(　　)。

A. A　　B. Ω　　C. V

175. 为了检查可以短时停电,在触及电容器前必须(　　)。

A. 充分放电　　B. 长时间停电　　C. 冷却之后

176. 一般照明的电源优先选用(　　)V。

A. 220　　B. 380　　C. 36

177. 卤钨灯属于(　　)光源。

A. 热辐射　　B. 气体放电　　C. 电弧

178. 常用的开启式负荷开关,合闸时手柄的操作方向是(　　)。

A. 从左向右　　B. 从下向上　　C. 从上向下

179. 电伤是由电流的(　　)效应对人体所造成的伤害。

A. 化学　　B. 热　　C. 热、化学与机械

180. 接地电阻测量仪是测量(　　)的装置。

A. 直流电阻　　B. 绝缘电阻　　C. 接地电阻

181. 电流表互感器在正常工作状态时,接近于变压器(　　)。

A. 开路　　B. 满载　　C. 短路

182. 继电器是一种根据(　　)来控制电路"接通"或"断开"的一种自动电器。

A. 外界输入信号(电信号或非电信号)

B. 电信号

C. 非电信号

183. 据一些资料表明,心跳呼吸停止,在(　　)min 内进行抢救,约 80% 的概率可以救活。

A. 2　　B. 3　　C. 1

184. 依据《工伤保险条例》,以下情形视同为工伤的是(　　)。

A. 因工外出期间,由于工作原因受到伤害或者发生事故下落不明的

B. 工作时间前后在工作场所内,从事与工作有关的预备性或者收尾性工作受到事故伤害的

C. 以上两种情形都是

185. 低压电容器的放电负载通常是(　　)。

A. 线圈　　B. 灯泡　　C. 互感器

186. 凡受电容量在 160 kV · A 以上的高压供电用户,月平均功率因数标准为(　　)。

A. 0.8　　B. 0.9　　C. 0.85

187. 图 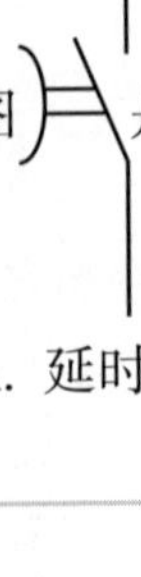 是(　　)触点。

A. 延时闭合动合　　B. 延时断开动合　　C. 延时断开动断

188. 对于低压配电网，配电容量在100 kW以下时，设备保护接地的接地电阻不应超过(　　)Ω。

A. 10　　B. 6　　C. 4

189. 导线的中间接头采用铰接时，先在中间互绞(　　)圈。

A. 2　　B. 1　　C. 3

190. 测量电容器绝缘电阻(　　)应注意放电，以防作业人员触电。

A. 前　　B. 后　　C. 前后

191. 用兆欧表逐相测量电动机定子绕组与外壳的绝缘电阻，当转动摇柄时，指针指到零，说明绕组(　　)。

A. 断路　　B. 碰壳　　C. 开路

192. 热继电器具有一定的(　　)自动调节补偿功能。

A. 频率　　B. 时间　　C. 温度

193. 保护线(接地或接零线)的颜色按标准应采用(　　)。

A. 红色　　B. 蓝色　　C. 黄绿双色

194. 电机在运行时，要通过(　　)、看、闻等方法及时监视电动机。

A. 记录　　B. 听　　C. 吹风

195. 在选择漏电保护装置的灵敏度时，要避免由于正常(　　)引起的不必要的动作而影响正常供电。

A. 泄漏电流　　B. 泄漏电压　　C. 泄漏功率

196. 落地插座应具有牢固可靠的(　　)。

A. 标识牌　　B. 保护盖板　　C. 开关

197.《电业安全工作规程》中规定，电气运行人员在有雷电时做法正确的是(　　)。

A. 户外等电位作业　　B. 不得靠近接闪器　　C. 进行倒闸操作

198. 下列安全用具是在电气操作中使用的基本安全用具的是(　　)。

A. 绝缘鞋、绝缘站台　　B. 绝缘手套、验电器　　C. 验电器、绝缘夹钳

199. 电流从左手到双脚引起心室颤动效应，一般认为通电时间与电流的乘积大于(　　)mA·s时就有生命危险。

A. 30　　B. 16　　C. 50

200. 低压断路器也称为(　　)。

A. 总开关　　B. 闸刀　　C. 自动空气开关

201. 电容器可用万用表(　　)挡进行检查。

A. 电流　　B. 电压　　C. 电阻

202. 静电现象是十分普遍的电现象，(　　)是它的最大危害。

A. 高电压击穿绝缘

B. 对人体放电,直接置人于死地

C. 易引发火灾

203. 如果触电者心跳停止,有呼吸,应立即对触电者施行(　　)急救。

A. 仰卧压胸法　　B. 胸外心脏按压法　　C. 俯卧压背法

204. 指针式万用表测量电阻时标度尺最右侧是(　　)。

A. ∞　　B. 0　　C. 不确定

205. 登高板和绳应能承受(　　)N 的拉力试验。

A. 1 500　　B. 1 000　　C. 2 206

206. 电气火灾的引发是由于危险温度的存在,其中短路、设备故障、设备非正常运行及(　　)都可能是引发危险温度的因素。

A. 电压正常　　B. 导线截面选择不当　　C. 设备运行时间长

207. 特别潮湿的场所应采用(　　)V 的安全特低电压。

A. 24　　B. 42　　C. 12

208. 导线接头连接不紧密,会造成接头(　　)。

A. 发热　　B. 绝缘不够　　C. 不导电

209. 当测量未知电流时,应该先使用(　　)量程的电流表试测。

A. 中间　　B. 较大　　C. 较小

210. 遮拦主要是用来防护工作人员意外碰触或过分接近带电部分而造成人身事故的一种(　　)。

A. 绝缘安全用具　　B. 基本安全用具　　C. 一般防护安全用具

211. 三相交流电路中,A 相用(　　)颜色标记。

A. 红色　　B. 黄色　　C. 绿色

212. 变压器和高压开关柜,防止雷电侵入产生破坏的主要措施是(　　)。

A. 安装避雷器　　B. 安装避雷线　　C. 安装避雷网

213. 熔断器在电动机的电路中起(　　)保护作用。

A. 过载　　B. 短路　　C. 过载和短路

214. Ⅱ类工具的绝缘电阻要求最小为(　　)MΩ。

A. 5　　B. 9　　C. 7

215. 在均匀磁场中,通过某一平面的磁通量为最大时,这个平面就和磁力线(　　)。

A. 平行　　B. 垂直　　C. 斜交

216. 可用万用表(　　)挡进行电容器检查。

A. 电压　　B. 电流　　C. 电阻

217. (　　)是保证电气作业安全的技术措施之一。

A. 工作票制度　　B. 验电　　C. 工作许可制度

218. 电磁力的大小与导体的有效长度成(　　)。

A. 正比　　B. 反比　　C. 不变

219. 单相电度表主要由一个可转动铝盘和分别绕在不同铁芯上的一个(　　)和一个电流线圈组成。

A. 电压线圈　　B. 电压互感器　　C. 电阻

220. 电气安全管理人员应具备必要的(　　)知识,并要根据实际情况制定安全措施,有计划地组织安全管理生产。

A. 组织管理　　B. 电气安全　　C. 职业技能

221. 装设接地线,当检验明确无电压后,应立即将检修设备接地并(　　)短路。

A. 两相　　B. 单相　　C. 三相

222. 双投开关在分闸位置时,应将刀片可靠地固定,不能使刀片有(　　)的可能。

A. 自行合闸　　B. 手动分闸　　C. 手动合闸

223. 以下属于控制电器的是(　　)。

A. 刀开关　　B. 接触器　　C. 熔断器

224. 下列不属于低压配电电器的是(　　)。

A. 熔断器　　B. 接触器　　C. 继电器

225. 摇表的两个主要组成部分是手摇(　　)和磁电式流比计。

A. 电流互感器　　B. 直流发电机　　C. 交流发电机

226. 导线接头电阻要足够小,与同长度同截面导线的电阻比不大于(　　)。

A. 1　　B. 1.5　　C. 2

227. 碘钨灯属于(　　)光源。

A. 电弧　　B. 气体放电　　C. 热辐射

228. 下列(　　)是保证电气作业安全的组织措施。

A. 工作许可制度　　B. 停电　　C. 悬挂接地线

229. 万能转换开关的基本结构内有(　　)。

A. 反力系统　　B. 触点系统　　C. 线圈部分

230. 发生高压设备、导线接地故障时,在室外人体不得接近接地故障点(　　)以内。

A. 10 m　　B. 4 m　　C. 8 m

231. 低压电容器的放电负载通常使用(　　)。

A. 灯泡　B. 线圈　C. 互感器

232. 依据《特种作业人员安全技术培训考核管理规定》,特种作业操作资格考试包括安全技术理论考试和(　　)两部分。

A. 面试　B. 能力测试　C. 实际操作考试

233. PN 结两端加正向电压时,其正向电阻(　　)。

A. 小　B. 大　C. 不变

234. 不会产生静电的方式是(　　)。

A. 化纤物料衣服摩擦　B. 固体物体大面积摩擦

C. 混合物搅拌各种导电物体

235. 使用竹梯时,梯子与地面的夹角以(　　)°为宜。

A. 50　B. 60　C. 70

236. 登杆前,应对脚扣进行(　　)。

A. 人体静载荷试验

B. 人体载荷冲击试验

C. 人体载荷拉伸试验

237. 万用表由表头、(　　)及转换开关三个主要部分组成。

A. 测量电路　B. 线圈　C. 指针

238. 在一个闭合回路中,电流强度与电源电动势成正比,与电路中内电阻和外电阻之和成反比,这一定律称为(　　)。

A. 全电路欧姆定律　B. 全电路电流定律　C. 部分电路欧姆定律

239. 电压继电器使用时其吸引线圈直接或通过电压互感器(　　)在被控电路中。

A. 并联　B. 串联　C. 串联或并联

240. 钳形电流表是利用(　　)的原理制造的。

A. 电流互感器　B. 电压互感器　C. 变压器

241. 按照电气安全用具使用要求,安全用具的技术性能必须符合规定,选用安全用具必须符合(　　)规定。

A. 工作电压　B. 相电压　C. 线电压

242. 将一根导线均匀拉长为原长的 2 倍,则它的阻值为原阻值的(　　)倍。

A. 2　B. 1　C. 4

243. 引起电光性眼炎的主要原因是(　　)。

A. 可见光　B. 红外线　C. 紫外线

244. 订立劳动合同,应当遵循合法、公平、平等、自愿、(　　)、诚实信用的原则。

A. 法律为先　　B. 协商一致　　C. 良性互助

245. 国家标准规定凡是(　　)kW 以上的电动机均采用三角形接法。

A. 3　　B. 4　　C. 7.5

246. 用于电气作业书面依据的工作票应一式(　　)份。

A. 2　　B. 3　　C. 4

247. 带“回”字符号标识的手持电动工具是(　　)工具。

A. Ⅱ类　　B. Ⅰ类　　C. Ⅲ类

248. 并联电容器的连接应采用(　　)连接。

A. 三角形　　B. 星形　　C. 矩形

249. 串联电路中各电阻两端电压的关系是(　　)。

A. 阻值越小两端电压越高

B. 各电阻两端电压相等

C. 阻值越大两端电压越高

250. 用万用表测量电阻时,黑表笔接表内电源的(　　)。

A. 负极　　B. 两极　　C. 正极

251. 导线接头的机械强度不小于原导线机械强度的(　　)%。

A. 80　　B. 90　　C. 95

252. 有时候用钳表测量电流前,要把钳口开合几次,目的是(　　)。

A. 消除残余应力　　B. 消除剩余电流　　C. 消除剩磁

253. 锡焊晶体管等弱电元件应用(　　)W 的电烙铁为宜。

A. 25　　B. 75　　C. 100

254. 对照电机与其铭牌检查,主要有(　　)、频率、定子绕组的连接方法。

A. 电源电压　　B. 电源电流　　C. 工作制

255. 人们平时称的瓷瓶,在电工专业中称为(　　)。

A. 隔离体　　B. 绝缘瓶　　C. 绝缘子

256. 一般照明线路中,无电的依据是(　　)。

A. 用摇表测量　　B. 用电笔验电　　C. 用电流表测量

257. 三相对称负载接成星形时,三相总电流(　　)。

A. 等于零　　B. 等于其中一相电流的三倍

C. 等于其中一相电流

258. 在检查插座时,电笔在插座的两个孔均不亮,首先判断是(　　)。

A. 短路　　B. 相线断线　　C. 零线断线

259. 熔断器的符号是(　　)。

A. 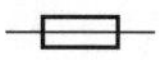　　B. 　　C. 

260. “禁止攀登,高压危险!”的标识牌应制作为(　　)。

A. 红底白字　　B. 白底红字　　C. 白底红边黑字

261. (　　)用来切割定子旋转磁场,产生感应电动势和电流,并在旋转磁场的作用下受力而使转子转动。

A. 转轴　　B. 转子绕组　　C. 转子铁芯

262. 对颜色有较高区别要求的场所,宜采用(　　)。

A. 彩灯　　B. 白炽灯　　C. 紫色灯

263. 在铝绞线中加入钢芯的作用是(　　)。

A. 增大导线面积　　B. 提高导电能力　　C. 提高机械强度

264. 对电机各绕组的绝缘进行检查,要求是:电动机每 1 kV 工作电压,绝缘电阻(　　)。

A. 小于 0.5 MΩ　　B. 大于等于 1 MΩ　　C. 等于 0.5 MΩ

265. 对电机轴承润滑进行检查,(　　)电动机转轴,看是否转动灵活,听有无异声。

A. 通电转动　　B. 用手转动　　C. 用其他设备带动

266. 在验电操作过程中,不正确的行为是(　　)。

A. 验电时,应在检修设备的进线和出线两侧分别验电

B. 验电时,必须使用电压等级合适且合格的验电器

C. 对已停电的线路设备,当其经常接入的电压表或其他信号指示无电,可以作为无电压的根据,不必进行验电

267. 每一照明(包括风扇)支路总容量一般不大于(　　)kW。

A. 2　　B. 3　　C. 4

268. 对电机内部的脏物及灰尘进行清理,应用(　　)。

A. 布上沾汽油、煤油等抹擦

B. 湿布抹擦

C. 用压缩空气吹或用干布抹擦

269. 使用剥线钳时应选用比导线直径(　　)的刃口。

A. 相同　　B. 稍大　　C. 较大

270. 一般线路中的熔断器有(　　)保护。

A. 短路　　B. 过载　　C. 过载和短路

271. 通电线圈产生的磁场方向不但与电流方向有关,而且还与线圈(　　)有关。

A. 长度　　B. 绕向　　C. 体积

272. 铅、锌等低熔点材料作熔断器熔体时的特点之一是(　　)。

A. 导电性好　　　　　B. 利于灭弧　　　　　C. 截面较大

273. 下图的电工元件符号中属于电容器的电工符号是(　　)。

A. 　　　　　B. 　　　　　C. 

274. 电缆导线的截面是根据(　　)进行选择的。

A. 额定电流　　　　　B. 传输容量

C. 传输容量与短路电流

275. 下列作业内容不属于电工作业的是(　　)。

A. 对低压电器设备进行设计、验收

B. 对低压电器设备进行改造施工和试验

C. 对低压电器设备进行安装、检修

276. 我国规定的安全电压(工频有效值)的额定值为(　　)。

A. 220 V、42 V、36 V、12 V、6 V

B. 380 V、42 V、36 V、24 V、12 V

C. 42 V、36 V、24 V、12 V、6 V

277. 人的室颤电流约为(　　)mA。

A. 30　　　　　B. 16　　　　　C. 50

278. 运输液化气,石油等的槽车在行驶时,在槽车底部应采用金属链条或导电橡胶使之与大地接触,其目的是(　　)。

A. 中和槽车行驶中产生的静电荷

B. 泄漏槽车行驶中产生的静电荷

C. 使槽车与大地等电位

279. 电力电容器按工作电压分为高压和(　　)。

A. 超高压　　　　　B. 低压　　　　　C. 中压

280. 依据《中华人民共和国刑法》,在生产作业中违反有关安全管理的规定,有(　　)情形,具有发生重大伤亡事故或者其他严重后果的现实危险的,处一年以下有期徒刑、拘役或者管制。

A. 对重大危险源未登记建档的

B. 对安全设备未进行经常性维护保养的

C. 关闭破坏直接关系生产安全的监控报警防护救生设备设施的

281. 相较于直接启动类型,下列关于转子串电阻启动的优缺点的说法中,不正确的是(　　)。

A. 启动设备较多,比较昂贵

B. 整个启动过程中,启动转矩大,适合重载启动

C. 定子启动电流大于直接启动的定子电流

282. 当电气设备绝缘老化后可能引起(　　)。

A. 短路　　B. 过载　　C. 开路

283. 下列选项中,属于三相异步电动机的制动方法的是(　　)制动。

A. 电抗　　B. 并联　　C. 再生发电

284. 下列选项中不属于漏电保护断路器工作原理的是(　　)。

A. 有漏电或有人触电时,漏电电流使热保护动作

B. 正常时,零序电流互感器的铁芯无磁通,无感应电流

C. 有漏电或有人触电时,零序电流互感器就产生感应电流

285. 电力生产与电网运行应当遵循(　　)、优质、经济的原则。

A. 安全　　B. 快速　　C. 稳定快捷

286. 下列选项中,属于我国规定的负载持续率的是(　　)。

A. 15%　　B. 50%　　C. 100%

287. 在直流电路中,电感元件的(　　)。

A. 感抗值小于零　　B. 感抗值等于零　　C. 感抗值大于零

288. 依据《中华人民共和国安全生产法》,下列不属于企业主要负责人安全生产工作职责的是(　　)。

A. 及时如实报告生产安全事故

B. 组织或者参与本单位应急救援演练

C. 组织制定本单位安全生产规章制度和操作规程

289. (　　)是指建筑物内部(包括与建筑物相关联的外部位)电气线路敷设。

A. 室内配线　　B. 动力线路　　C. 照明线路

290. 在三相异步电动机定子上布置结构完全相同、空间各相差120°电角度的三相定子绕组,当分别通入三相交流电时,则在(　　)中产生了一个旋转的磁场。

A. 端盖　　B. 机座

C. 定子与转子之间的空气隙

291. 依据《工伤保险条例》,以下情形可以认定为工伤的是(　　)。

A. 以下两种情形都是

B. 在上下班途中,受到非本人主要责任的交通事故或者城市轨道交通客运轮渡火车事故伤害的

C. 职工原在军队服役,因战因公负伤致残,已取得革命伤残军人证,到用人单位后旧伤复发的

292. 定子绕组整体与定子铁芯之间的绝缘称为(　　)。

A. 匝间绝缘　　B. 相间绝缘　　C. 对地绝缘

293. 电力企业应当加强安全生产管理,坚持(　　)第一、预防为主的方针。

A. 安全　　B. 效益　　C. 质量服务

294. 有功功率 P 和视在功率 S 的比值可表示为(　　)。

A. $\tan\phi$　　B. $\cos\phi$　　C. $\sin\phi$

295. 电度表应垂直安装,安装时表箱底部对地面的垂直距离一般为(　　)m。

A. 1.6　　B. 1.4　　C. 1.8

296. 电场中某点 A 的电位等于单位(　　)在该点所具有的电位能。

A. 负电荷　　B. 正电荷　　C. 电子

297. 隔离开关垂直安装时,手柄向上时为(　　)状态。

A. 分闸　　B. 开断　　C. 合闸

298. 搬运电容器时应(　　)。

A. 横放　　B. 侧放　　C. 竖放

299. 依据《中华人民共和国刑法》规定,强令他人违章冒险作业,或者明知存在(　　)而不排除,仍冒险组织作业,因而发生重大伤亡事故或者造成其他严重后果的,处五年以下有期徒刑或者拘役。

A. 重大事故隐患　　B. 较大事故隐患　　C. 一般事故隐患

300. 在电路中,将两个及以上的电阻按头尾相接的顺序连接起来,称为电阻的(　　)。

A. 混联　　B. 串联　　C. 并联

301. (　　)可直接安装在白炽灯的灯头上,是替代白炽灯的最理想的电光源。

A. 卤钨灯　　B. 低压钠灯　　C. 紧凑型荧光灯

302. 容量在(　　)以下的三相异步电动机一般均可采用直接启动。

A. 7 kW　　B. 5 kW　　C. 3 kW

303. 以下属于行程开关组成的是(　　)。

A. 线圈部分　　B. 反力系统　　C. 保护部分

304. 依据《中华人民共和国劳动法》,从事特种作业的劳动者必须经过专门培训并取得特种作业(　　)。

A. 操作证　　B. 资格　　C. 证书

305. 所谓对称三相负载就是(　　)。

A. 三相负载阻抗相等,且阻抗角相差 120°

B. 三相负载阻抗相等,且阻抗角相等

C. 三相负载电阻相等,且阻抗角相等

306. 隔离开关在操作时,应做到(　　)。

A. 快合快分　　B. 快合慢分　　C. 慢合快分

307. 根据施工现场临时照明用电的安全要求,配电箱的箱体材料一般应选用(　　)。

A. 木板　　B. 加厚木板　　C. 绝缘板

308. 人工挖扩孔时,孔下照明必须使用(　　)及以下安全电压照明。

A. 24 V　　B. 12 V　　C. 36 V

309. 下列选项中,不属于在电力系统中提高功率因数的意义有(　　)。

A. 提高电源设备的利用率

B. 使线路上电压降 ΔU 增大

C. 使电力设备的容量得到充分利用

310. 导线按结构可分为(　　)和多股导线。

A. 绝缘　　B. 双股　　C. 单股

311. 电力线路按架设方式可分为(　　)。

A. 架空电力线路和电力电缆线路

B. 输电线路和用电线路

C. 输电线路和电力电缆线路

312. 剩余电流保护装置是指电路中带电导体发生(　　)故障所产生的剩余电流超过规定值时,能够自动切断电源或报警的保护装置。

A. 接地　　B. 过负荷　　C. 相间短路

313. 下列选项不属于导线连接要求的是(　　)。

A. 稳定性好　　B. 跳线连接　　C. 连接紧密

314. 依据《中华人民共和国安全生产法》,从业人员有权对本单位安全生产工作中存在的问题提出(　　)。

A. 批评检举控告　　B. 上报批评建议　　C. 建议检举批评

315. 熔断器的额定电压,是从(　　)角度出发,规定的电路最高工作电压。

A. 温度　　B. 灭弧　　C. 过载

316. 用于分析通过电阻的电流与端电压关系的定律称为(　　)。

A. 电磁感应定律　　B. 部分电路欧姆定律　　C. 全电路欧姆定律

317. 按照测量方法,电工仪表分为(　　)。

A. 比较式和对称式　　B. 直读式和对比式　　C. 直读式和对称式

318. 如果遇湿易燃物品起火发生火灾,禁止用(　　)灭火。

A. 干粉灭火器　　B. 水泡沫灭火器　　C. 沙土

319. 组合开关控制电动机正反转时,正确的操作应是(　　)。

A. 直接进行换向操作,在电动机旋转过程中即可反向接通

B. 先进行停机操作,在电动机完全停机后再反向接通

C. 先进行停机操作,在电动机停机时反向接通

320. 下列有关同种材料导体电阻说法,正确的有(　　)。

A. 当导体截面一定时,如果导体长度越短,导体的电阻值则越小

B. 当导体长度一定时,如果导体截面越小,导体的电阻值则越小

C. 当导体截面一定时,如果导体长度越短,导体的电阻值则越大

321. 当伤者牙关紧闭,无法进行口对口人工呼吸时,应(　　)。

A. 口对鼻吹气　　B. 加大压力口对口吹气

C. 用工具把嘴撬开

322. 下列器件中,可用作防止因电路短路而产生危害的器件是(　　)。

A. 熔断器与启辉器　　B. 熔断器与自动空气开关

C. 启辉器与自动空气开关

323. 在采用多级熔断器保护中,上级的熔体额定电流比下级大,目的是防止熔断器越级熔断而(　　)。

A. 扩大停电范围　　B. 查障困难　　C. 减小停电范围

324. 在易燃易爆危险场所,电气线路应采用(　　)或者铠装电缆敷设。

A. 穿钢管　　B. 穿水煤气管

C. 穿金属蛇皮管再沿铺砂电缆沟

325. 依据《生产安全事故应急条例》,生产安全事故的威胁和危害得到控制或者消除后,有关人民政府应当决定(　　)执行依照本条例和有关法律法规采取的全部或者部分应急救援措施。

A. 暂停　　B. 停止　　C. 继续

326. 选择低压熔断器时,主要依据(　　)。

A. 熔断器额定电流　　B. 熔断器形状　　C. 熔断器电压

327. 拉线开关距离地面的高度为(　　)。

A. 1~2 m　　B. 2~3 m　　C. 4~5 m

328. 避雷针是常用的避雷装置,安装时,避雷针宜设独立的接地装置,如果在非高电阻率地区,其接地电阻不宜超过(　　)Ω。

A. 4　　B. 10　　C. 2

329. 异步电机作为电动机正常运行时,其转差率 S 的范围是(　　)。

A. 0　　B. $S>1$　　C. $S<0$

330. 依据《特种作业人员安全技术培训考核管理规定》,特种作业操作证申

请复审或者延期复审前,特种作业人员应当参加必要的安全培训且考试合格安全培训时间不少于(　　)个学时。

A. 16　　B. 24　　C. 8

331. 一台 380 V、7.5 kW 的电动机,装设过载和断相保护,应选(　　)。

A. JR16-20/3D　　B. JR16-60/3D　　C. JR16-20/3

332. 在保证一定大小的启动转矩前提下,电动机的启动电流应(　　)。

A. 尽量大　　B. 尽量稳定　　C. 尽量小

333. 雷电放电时,在附近产生电磁感应的是(　　)。

A. 直击雷　　B. 感应雷　　C. 球形雷

334. 屋内照明线路每一分路应(　　)。

A. 总容量不超过 5 kW　　B. 不超过 2 具　　C. 不超过 15 具

335. 微动式行程开关的优点是有(　　)动作机构。

A. 转轴　　B. 储能　　C. 控制

336. 按照《安全标识及使用导则》,标识牌按其用途不包括(　　)。

A. 禁止　　B. 警告　　C. 允许

337. 在配电线路中,熔断器仅作短路保护时,熔体的额定电流应不大于(　　)。

A. 穿管绝缘导线允许载流量的 3 倍

B. 电缆允许载流量的 2.5 倍

C. 绝缘导线允许载流量的 2.5 倍

338. 任何一种电力电缆都是由导电线芯(　　)及保护层三个主要部分组成的。

A. 绝缘层　　B. 屏蔽层　　C. 导电层

339. 以下不属于防止直接接触电击方法的是(　　)。

A. 绝缘防护　　B. 保护接地　　C. 采用特低电压

340. 电动机按铭牌值工作时,断续定额的每一周期为(　　)min。

A. 10　　B. 5　　C. 15

341. 电路处于(　　)状态时,电路中的电流会因为过大而造成损坏电源烧毁导线,甚至造成火灾等严重事故。

A. 断路　　B. 短路　　C. 通路

342. 在正弦交流电的交变过程中,随着时间变化而改变的参数是(　　)。

A. 最大值　　B. 瞬时值　　C. 有效值

343. 在锅炉金属容器内作业,必须使用(　　)类手持电动工具。

A. Ⅲ　　B. Ⅰ　　C. Ⅱ

344. 与普通白炽灯相比,卤钨灯的优点是(　　)。

A. 结构简单　　B. 显色性好　　C. 发光效率高

345. 可用于保护电线抵御外部威胁(如磨损等)的是(　　)。

A. 热缩管　　B. 连接器　　C. 接线端头

346. 以下不属于绝缘材料的是(　　)。

A. 硅　　B. 塑料　　C. 陶瓷

347. 下列关于工伤保险保费说法错误的是(　　)。

A. 生产经营单位必须依法参加工伤社会保险,为从业人员缴纳保险费

B. 工伤保险费由企业按工资总额的一定比例缴纳,劳动者个人同样需要缴费

C. 生产经营单位不得以任何形式与从业人员订立协议,免除或者减轻其对从业人员因生产安全事故伤亡依法应承担的责任

348. 在当前我国的供电系统电压等级中,不可用于 10 kV 以下线路(不含 10 kV)带电灭火的器材是(　　)。

A. 干粉灭火器　　B. 二氧化碳灭火器

C. 水基式泡沫灭火器

349. 新型 HY122 隔离开关的触点和出线端子的连接采用(　　)。

A. 螺栓连接　　B. 焊接　　C. 铆钉铰接

350. 在纯电阻电路中,电流和电压(　　)。

A. 同相位　　B. 反相位　　C. 相位差为 $\pi/2$

351. 在闭合电路中,当电源电动势大小和内阻大小一定时,若电路中的电流变大,则电源端电压的数值(　　)。

A. 变大　　B. 变小　　C. 不变

352. 在纯电感的交流电路中,下列说法不正确的是(　　)。

A. 电流的相位超前电压相位 90°

B. 当交流电通过电感线圈的电路时,电路中产生自感电动势,阻碍电流的改变,形成了感抗

C. 电流的相位滞后电压相位 90°

353. 磁体不会吸引(　　)。

A. 铜　　B. 镍　　C. 铁

354. HR 系列熔断器式隔离开关是用熔断体或带有熔断体的载熔件作为动触点的一种隔离开关,正常情况下,电路的接通分断由(　　)完成。

A. 断路器　　B. 熔断器　　C. 隔离开关

355. 下列关于电动机启动要求的说法中,不正确的是(　　)。

A. 在保证一定大小的启动转矩前提下,电动机的启动电流应尽量小

B. 电动机应有足够大的负载

C. 启动所需的控制设备应尽量简单,价格力求低廉,操作及维护方便

356. 线路验电应逐相进行。同杆架设的多层电力线路验电时,先(　　),先验下层后验上层。

A. 验低压或高压　　B. 验低压后验高压　　C. 验高压后验低压

357. 电流强度的单位为(　　)。

A. 欧姆　　B. 安培　　C. 库仑

358. 一般场所移动式局部照明用的电源可用(　　)V。

A. 220　　B. 36　　C. 380

359. 在电路中,负载功率与其通电时间 t 的乘积称为(　　)。

A. 负载消耗的无功功率 Q

B. 负载消耗的有功功率 P

C. 负载消耗的电能 W

360. 在三相交流电路中,负载消耗的总有功功率等于(　　)。

A. 各相无功功率之差　B. 各相有功功率之和

C. 各相视在功率之和

361. 下列属于辅助安全用具的是(　　)。

A. 绝缘棒、绝缘夹钳　B. 绝缘手套、绝缘靴

C. 携带型接地线临时遮拦

362. 存在硫化氢、一氧化碳等中毒风险的有限空间作业的工贸企业存在(　　),可判定为重大事故隐患。

A. 有限空间作业现场未设置监护人员的

B. 对有限空间进行辨识建立安全管理台账,并且设置明显的安全警示标识的

C. 执行“先通风再检测后作业”要求的

363. 当灯具的安装高度低于规范要求又无安全措施时,应采用(　　)V 的电压。

A. 220　　B. 380　　C. 36

364. Ⅰ类电动工具的绝缘电阻要求不低于(　　)。

A. 2 MΩ　　B. 3 MΩ　　C. 1 MΩ

365. 补偿电容器组的投入与退出与系统的功率因数有关,一般功率因数低于(　　)时,则应将电容器投入运行。

A. 0.85　　B. 1　　C. 0.95

366. 接触器的额定电流与(　　)无关。

A. 环境温度　　B. 额定电压　　C. 操作频率

367. 下列关于熔体的额定电流选择因素的说法正确的是(　　)。

A. 熔体在保护一台电机时,熔体的额定电流大于或等于 2~5 倍的电动机额定电流

B. 熔体在保护纯阻负载时,熔体的额定电流要稍大于或等于电路的工作电流

C. 熔体在保护多台电动机时,熔体的额定电流大于或等于其中最大容量电动机额定电流的(5~7)倍加上其余电动机额定电流之和

368. 熔断器的额定电流(　　)电动机的启动电流。

A. 大于　　B. 小于　　C. 等于

369. 下列有关电磁感应现象,说法正确的是(　　)。

A. 导体在磁场中做切割磁力线运动时,导体内就会产生感应电动势

B. 切割同一磁场的导体运动速度越快,导体的感应电动势越小

C. 导体在磁场中做切割磁力线运动时,导体内就会产生感应电流

370. 对仪表准确度的要求是(　　)。

A. 越低越好　　B. 满足要求即可　　C. 越高越好

371. 安装单相两孔插座时,应面对插座的(　　)接相线。

A. 左孔　　B. 右孔　　C. 上孔

372. 依据《中华人民共和国刑法》规定,(　　)是指在生产作业中违反有关安全管理的规定,因而发生重大伤亡事故或者造成其他严重后果的。

A. 重大责任事故罪　　B. 危险物品肇事罪

C. 重大劳动安全事故罪

373. 依据《中华人民共和国安全生产法》,生产经营单位的(　　)依法组织职工参加本单位安全生产工作的民主管理和民主监督,维护职工在安全生产方面的合法权益。

A. 董事会　　B. 职工代表大会　　C. 工会

374. 由专用变压器供电时,电动机容量小于变压器容量的(　　),允许直接启动。

A. 60%　　B. 40%　　C. 20%

375. 1 kV 以上的电容器组采用(　　)接成三角形作为放电装置。

A. 电压互感器　　B. 电炽灯　　C. 电流互感器

376. 下列选项中不是热缩管特点的是(　　)。

A. 导电　　B. 防腐　　C. 绝缘

377. 依据《中华人民共和国安全生产法》,因生产安全事故受到损害的从业人员,除依法享有(　　)外,依照有关民事法律尚有获得赔偿权利的,有权提出赔偿要求。

A. 伤残补助　　B. 工伤保险　　C. 商业保险

378. 电机在运行时,用各方法监视电动机是为了(　　)。

A. 出现不正常现象时,及时处理

B. 监视工人是否在工作

C. 只为观察电动机是否正常工作

379. 交流接触器的辅助触点动合和动断是指电磁线圈(　　)以后的工作状态。

A. 失电　　B. 检修　　C. 得电

380. 绝缘等级表示电机各绕组及其他绝缘部件所用绝缘材料的等级。绝缘材料按照耐热性能可分为(　　)个等级。

A. 5　　B. 6　　C. 7

381. 低压断路器的脱扣器有很多种,其中(　　)起短路保护作用。

A. 电磁脱扣器　　B. 失压脱扣器　　C. 分励脱扣器

382. 抢修和维修一般选择(　　)屏护。

A. 临时　　B. 永久　　C. 移动

383. 变压器、电动机、发电机等的铁芯,以及电磁铁等都是采用(　　)磁性物质。

A. 铁　　B. 顺　　C. 反

384. 不带熔断器式隔离开关属于(　　)。

A. 无载通断电器　　B. 过载通断电器　　C. 有载通断电器

385. 在感性负载交流电路中,采用(　　)的方法可提高电路功率因数。

A. 串联电容　　B. 并联电容　　C. 串联电阻

386. 下列选项中,不属于铁壳开关操作机构特点的是(　　)。

A. 当铁盖打开时,不能进行合闸操作

B. 无机械联锁

C. 采用储能合分闸操作机构

387. 某一额定电压为400 V的电容器组,运行时发现工作电压达442 V,则应该(　　)。

A. 再投入部分电容器　　B. 将电容器组退出运行

C. 切除部分电容器

388. 电气设备载流部分的绝缘损坏,可能是设备长期运行,绝缘自然老化造成的,它可引起的故障是(　　)。

A. 短路　　B. 过负荷　　C. 接触不良

389. 下列选项中,不属于架空线路的电杆常用材质的是(　　)。

A. 木电杆　　B. 硬塑料杆　　C. 金属杆

390. 铁磁性物质的相对磁导率(　　)。

A. 略大于 1　　B. 等于 1　　C. 远大于 1

391. 在建筑物电气设备和构筑物上能产生电效应、热效应和机械效应,具有较大的破坏作用的雷属于(　　)。

A. 感应雷　　B. 直击雷　　C. 球形雷

392. 电容器安装之前,要分配一次电容量,使其相间平衡,偏差不超过总容量的(　　)。

A. 10%　　B. 5%　　C. 15%

393. 已知电路中 A 点电位为 12 V,B 点电位为 3 V,则 A、B 两点间的电压为(　　)V。

A. 15　　B. −9　　C. 9

394. 依据《工伤保险条例》,在工伤认定申请过程中,职工或者其直系亲属认为是工伤,用人单位不认为是工伤的,由(　　)承担举证责任。

A. 劳动保障部门　　B. 职工或其直系亲属　　C. 用人单位

395. 在特别潮湿的场所,导电良好的地面使用手持照明灯具等,照明电源电压不应大于(　　)。

A. 36 V　　B. 24 V　　C. 12 V

396. 人工急救胸外挤压法应以每分钟约(　　)次的频率有节奏均匀地挤压,挤压与放松的时间应相当。

A. 60　　B. 100　　C. 80

397. 交流电可以通过线圈,但是线圈的电感对交流电有阻碍作用,这个阻碍叫作(　　)。

A. 阻抗　　B. 感抗　　C. 容抗

398. 电容器功率的单位是(　　)。

A. 乏　　B. 伏安　　C. 千瓦

399. 电流的方向为导体中(　　)运动的方向。

A. 电子　　B. 正电荷　　C. 负电荷

400. 依据《中华人民共和国消防法》,生产、储存、运输、销售、使用、销毁易燃易爆危险品,必须执行(　　)和管理规定。

A. 无害化处理标准　　B. 特种作业技术标准　　C. 消防技术标准

401. 为了防止跨步电压对人造成伤害,要求防雷接地装置距离建筑物出入口人行道最小距离不应小于(　　)m。

A. 2.5　　B. 3　　C. 4

402. 指令标识用(　　)颜色表示。

A. 蓝色　　B. 红色　　C. 黄色

403. 补偿电容器组断电后仍有残余电压,若需要再次合闸,应在其断电(　　)min 后进行。

A. 3　　B. 30　　C. 1

404. (　　)指漏电断路器能接通承载及分断的最大剩余(漏)电流。

A. 额定过载电流　　B. 额定开断电流

C. 额定剩余接通和分断能力

405. 严禁在挡距内连接有不同(　　)的导线。

A. 时间安装　　B. 截面　　C. 颜色

406. 交流电气设备的铭牌上所注明的额定电压和额定电流都是指电压和电流的(　　)。

A. 瞬时值　　B. 最大值　　C. 有效值任意值

407. 三相四线制的零线的截面积一般(　　)相线截面积。

A. 大于　　B. 小于　　C. 等于

408. 特种作业人员必须年满(　　)周岁。

A. 18　　B. 19　　C. 20

409. 旋转磁场的旋转方向决定于通入定子绕组中的三相交流电源的相序,只要任意调换电动机(　　)所接交流电源的相序,旋转磁场即可反转。

A. 两相绕组　　B. 三相绕组　　C. 一相绕组

410. 固定电源或移动式发电机供电的移动式机械设备,应与供电电源的(　　)有金属性的可靠连接。

A. 外壳　　B. 零线　　C. 接地装置

411. 感应电流的方向总是使感应电流的磁场阻碍引起感应电流的磁通的变化,这一定律称为(　　)。

A. 特斯拉定律　　B. 法拉第定律　　C. 楞次定律

412. 常用熔断器熔体一旦熔断,必须更换新的熔体,而(　　)熔断器可重复使用一定次数。

A. 自复式　　B. 无填料封闭管式　　C. 有填料封闭管式

413. 当发现电容器有损伤或缺陷时,应该(　　)。

A. 丢弃　　B. 送回修理　　C. 自行修理

414. 以下属于配电电器的是(　　)。

A. 电阻器　　B. 熔断器　　C. 接触器

415. 一般场所采用 220 V 电源照明必须按规定布线和装设灯具,并在电源一侧加装(　　)保护器。

A. 中线　　B. 分级　　C. 漏电

416. 依据《电业安全工作规程》规定,对地电压为(　　)V 及以下的设备为低压设备。

A. 250　　B. 400　　C. 380

417. 在雷暴雨天气,应将门和窗户等关闭,其目的是防止(　　)侵入屋内,造成火灾、爆炸或人员伤亡。

A. 球形雷　　B. 感应雷　　C. 直接雷

418. (　　)具有耐磨损和抗紫外线保护作用。

A. 缠绕管　　B. 绝缘子　　C. 扎带

419. 一般情况下 220 V 工频电压作用下人体的电阻为(　　)Ω。

A. 800~1 600　　B. 500~1 000　　C. 1 000~2 000

420. 铜银等导电性好的材料作熔断器熔体时的特点之一是(　　)。

A. 利于灭弧　　B. 截面较大　　C. 导电性好

421. 交流电路中电流比电压滞后 90°,该电路属于(　　)电路。

A. 纯电阻　　B. 纯电感　　C. 纯电容

422. 低压配电线路装设熔断器时,不允许装在(　　)。

A. 各相线上　　B. 无接零要求的单相回路的零线

C. 三相四线制系统的零线

423. 荧光灯属于(　　)光源。

A. 气体放电　　B. 热辐射　　C. 生物放电

424. 无论三相电路是 Y 接或△接,当三相电路对称时,其总有功功率为(　　)。

A. $P=3UI\cos\phi$　　B. $P=\sqrt{3}UI\cos\phi$　　C. $P=UI\cos\phi$

425. 电压互感器的二次侧在运行时绝对不允许(　　)。

A. 短路　　B. 装设熔断器　　C. 开路

426. 线圈中感应电动势的大小,与线圈的匝数(　　)。

A. 无关　　B. 成正比　　C. 成反比

427. HK系列隔离开关用于手动不频繁接通和分断(　　)。

A. 大容量电动机　　B. 中等容量电动机　　C. 小容量电动机

428. 对大面积照明的场所,可采用(　　)照明。

A. 射灯　　B. 白炽灯　　C. 金属卤钨灯

429. 在交流电路中,电感元件的感抗与线圈的电感(　　)。

A. 成反比　　B. 成正比　　C. 无关系

430. 三个阻值相等的电阻串联时的总电阻是并联时总电阻的(　　)倍。

A. 6　　B. 9　　C. 3

431. 下面(　　)属于顺磁性材料。

A. 铜　　B. 水　　C. 空气

432. 在配电线路中,熔断器作过载保护时,熔体的额定电流为不大于导线允许载流量的(　　)倍。

A. 0.8　　B. 1.1　　C. 1.25

433. 铁壳开关在作控制电机启动和停止时,要求额定电流要大于或等于(　　)倍电动机额定电流。

A. 一　　B. 两　　C. 三

434. 电工使用的带塑料套柄的钢丝钳,其耐压等级为(　　)V 以上。

A. 380　　B. 500　　C. 1 000

435. 电力电缆线路日常巡视周期:有人值班的变(配)电所,每班应检查一次,无人值班的,每周至少检查(　　)。

A. 一次　　B. 三次　　C. 两次

436. 建筑施工工地的用电机械设备(　　)安装漏电保护装置。

A. 不应　　B. 应　　C. 没规定

437. 为避免高压变配电站遭受直击雷,引发大面积停电事故,一般可用(　　)来防雷。

A. 接闪杆　　B. 阀型避雷器　　C. 接闪网

438. 短时定额表示电动机按铭牌值工作时只能在规定时间内短时运行。我国规定的短时运行时间为 10 min、30 min、60 min 和(　　)min 等四种。

A. 120　　B. 90　　C. 150

439. 导线接头的绝缘强度应(　　)原导线的绝缘强度。

A. 大于　　B. 等于　　C. 小于

440. 稳压二极管的正常工作状态是(　　)。

A. 截止状态　　B. 导通状态　　C. 反向击穿状态

441. 特种作业操作证每(　　)年复审 1 次。

A. 4　　B. 5　　C. 3

442. (　　)仪表由固定的线圈、可转动的线圈及转轴、游丝、指针、机械调零机构等组成。

A. 电磁式　　B. 磁电式　　C. 电动式

443. 正弦交流电的三要素不包括(　　)。

A. 最大值　　B. 周期　　C. 角频率

444. 电路闭合时,电源的端电压(　　)电源电动势减去电源的内阻压降。

A. 大于　　B. 等于　　C. 小于

445. 单相220 V电源供电的电气设备,可选用(　　)漏电保护装置。

A. 四极式　　B. 三极式　　C. 二极二线式

446. 交流电路中的相线可用的颜色不包括(　　)。

A. 蓝色　　B. 黄色　　C. 红色

447. 断路器用于电动机保护时,瞬时脱扣器电流整定值的选用原则不包括(　　)。

A. 保护绕线转子电机时,整定电流等于返回系数 K_f×电机的额定电流(系数与型号容量启动方法有关,在3~6 A之间)

B. 断路器的长延时电流整定值大于电机的额定电流

C. 保护笼形电机时,整定电流等于返回系数 K_f×电机的额定电流(系数与型号容量启动方法有关,在8~15 A之间)

448. 热继电器的整定电流为电动机额定电流的(　　)%。

A. 100　　B. 120　　C. 130

449. 新装并联电容器组投入运行前应检查电容器组三相间的容量是否平衡,其误差不应超过一相总容量的(　　)。

A. 3%　　B. 10%　　C. 5%

450. 属于配电电器的有(　　)。

A. 接触器　　B. 熔断器　　C. 电阻器

451. HR系列熔断器式隔离开关是用熔断体或带有熔断体的载熔件作为动触点的一种隔离开关,故障情况下,由(　　)分断电路。

A. 熔断器　　B. 隔离开关　　C. 断路器

452. 剩余电流保护器可在直接接触触电保护的基本防护失效时作为(　　)使用。

A. 补充防护　　B. 主要防护　　C. 后级防护

453. 当超过额定电压(　　)倍时,只允许电容器短期运行。

A. 1.1　　B. 1　　C. 1.2

454. 电容器组的日常巡视检查,应由变配电室的运行值班人员进行。有人值班时,每班检查一次;无人值班时,(　　)至少检查一次。

A. 每周　　B. 每月　　C. 每三个月

455. 用于住宅配电终端控制和保护的低压断路器可选用(　　)。

A. 塑壳式断路器　　B. 智能断路器　　C. 框架式断路器

456. 下列关于并联电容器的说法,正确的是(　　)。

A. 并联电容器主要用在直流电路中

B. 并联电容器有减少电压损失的作用

C. 并联电容器的容量越大越好

457. 劳动者存在(　　)情形,用人单位不得解除劳动合同,同时用人单位不得依照本法第四十条第四十一条的规定解除劳动合同。

A. 在本单位患职业病或者因工负伤并被确认丧失或者部分丧失劳动能力的

B. 劳动者不能胜任工作,经过培训或者调整工作岗位,仍不能胜任工作的

C. 生产经营发生严重困难的

458. 低压断路器(　　),应作几次分合闸试验,检查低压断路器动作是否正常。

A. 检修结束后　　B. 运行中　　C. 检修时

459. 合格摇表在使用前的检查结果是(　　)。

A. 开路检查为∞　　B. 开路检查为 0　　C. 短路检查为∞

460. 照明系统中的每一单相回路上,灯具与插座的数量不宜超过(　　)个。

A. 20　　B. 25　　C. 30

461. 拉开闸刀时,如果出现电弧,应(　　)。

A. 迅速拉开　　B. 立即合闸　　C. 缓慢拉开

462. 使用荧光灯时,电源电压不能超过额定电压的(　　),否则会影响荧光灯的发光效率和使用寿命。

A. ±10%　　B. ±5%　　C. ±3%

463. 白炽灯靠(　　)通过电流产生高温,引起热辐射发光。

A. 铅丝　　B. 钨丝　　C. 铜丝

464. 使用钳形电流表时,下列操作错误的是(　　)。

A. 测量完毕,可将量程开关置于任意位置

B. 测量前先估计被测量的大小

C. 测量时导线放在钳口中央

465. 电光源按其发光原理分为热辐射光源和气体放电光源和半导体发光,(　　)属于气体放电光源。

A. LED 电光源　　B. 白炽灯　　C. 荧光灯

466. 安装卤钨灯时，应水平安装，水平线偏角应小于（　　），否则会破坏卤钨循环，缩短灯管寿命。

A. 2°　　B. 4°　　C. 6°

467. Ⅱ类移动式电气设备和Ⅲ类移动式电气设备修理后，（　　）原设计确定的安全技术标准。

A. 不得降低　　B. 可以稍微降低　　C. 可以降低

468. 下列选项中，不属于热继电器工作原理的是（　　）。

A. 当在额定电流以上工作时，双金属片的弯曲随时间的积累而增加，最终会使机构动作

B. 当在额定电流以下工作时，双金属片弯曲不足使机构动作，因此热继电器不会动作

C. 具有反应时限特性，电流越大，速度越快

469. 低压线路控制某线路断路器的电磁脱扣器整定电流为1 600 A，该线路末端单相接地短路电流应不小于（　　）。

A. 2 400 A　　B. 2 000 A　　C. 1 600 A

470. TN-S俗称（　　）供电系统。

A. 三相三线　　B. 三相四线　　C. 三相五线

471. 磁场中某点磁感应强度B的方向就是该点（　　）的切线方向。

A. 磁通　　B. 磁力线　　C. 电磁力

472. 对频繁自动投切的电容器组，从分断至再投入的时间间隔内，残压应降至初始值的（　　）以下。

A. 5%　　B. 10%　　C. 15%

473. 电力电缆的常用敷设方式不包括（　　）。

A. 电缆沟敷设　　B. 脚手架敷设　　C. 穿管敷设

474. 高压电容器外壳之间的距离，一般应不小于10 cm；低压电容器外壳之间的距离应不小于（　　）mm。

A. 40　　B. 30　　C. 50

475. 同性磁极相互（　　）。

A. 吸引　　B. 排斥　　C. 无作用力

476. 并联电力电容器的作用不包括（　　）。

A. 提高功率因数　　B. 增大电流　　C. 改善电压质量

477. 当人体触电时，从外部来看（　　）的途径是最危险的。

A. 右手到脚　　B. 左手到脚　　C. 左手到右手

478. 施工现场隧道、人防工程、高温、有导电灰尘、比较潮湿或灯具离地面高

度低于 2. 5 m 等场所的照明,电源电压不应大于(　　)。

A. 36 V　　B. 12 V　　C. 24 V

479. 依据《特种作业人员安全技术培训考核管理规定》,从事电工作业的人员应当具备(　　)文化程度。

A. 初中及以上文化程度

B. 大学专科及以上

C. 高中或者相当于高中及以上

480. 下列选项中,不属于速度继电器的工作原理的是(　　)。

A. 速度继电器的定子绕组切割(由转子转动在定转子之间的气隙产生的)旋转磁场,进而产生力矩

B. 速度继电器的轴与电机轴相连,电机转则速度继电器的转子转

C. 定子受到的磁场力方向与电机的旋转方向相反

481. 三相交流电路中,B 相用(　　)颜色标记。

A. 红色　　B. 黄色　　C. 绿色

482. 采用保护接地后,人体触及带电外壳时,人体电阻与接地装置的接地电阻是(　　)的。

A. 既并联又串联　　B. 并联　　C. 串联

483. 依据《中华人民共和国安全生产法》,关于从业人员享有的安全生产权利,以下表述正确的是(　　)。

A. 从业人员发现直接危及人身安全的紧急情况时,有权停止作业

B. 从业人员有权拒绝接受生产经营单位提供的安全生产教育培训

C. 从业人员发现事故隐患,可以立即报告现场安全管理人员或者本单位负责人

484. 铝是一种(　　)磁性物质。

A. 反　　B. 铁　　C. 顺

485. 用楞次定律可判断感应电动势(电流)的(　　)。

A. 大小和方向　　B. 大小　　C. 方向

486. 接触器的电气图形为(　　)。

A. 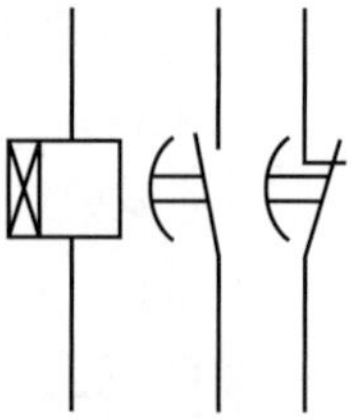　　B. 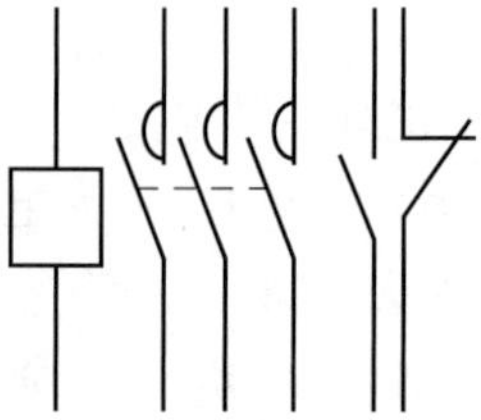　　C. 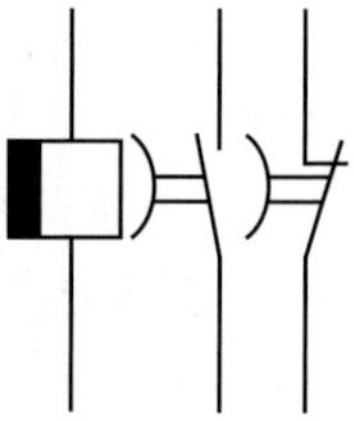

487. 照明种类分为(　　)和事故照明。

A. 工作照明　　B. 局部照明　　C. 内部照明

488. 并补装置应用于输电系统和配电系统。在输电系统中,无功补偿装置的配置容量按变压器容量的(　　)配置。

A. 35%~40%　　B. 5%~10%　　C. 15%~30%

489. 当空气开关动作后,用手触摸其外壳,发现开关外壳较热,则动作的原因可能是(　　)。

A. 欠压　　B. 过载　　C. 短路

490. 组合开关又称转换开关,一般用于交流 380 V 直流 220 V 及以下的电气线路中,供(　　)地接通与分断电路。

A. 手动频繁　　B. 手动不频繁　　C. 自动频繁

491. 对于四极三相异步电动机而言,当磁极对数增加一倍时,旋转磁场的转速(　　)。

A. 不变　　B. 减少一半　　C. 增加一倍

492. 交流接触器的结构不包括(　　)。

A. 触点系统　　B. 调节系统　　C. 电磁系统

493. 功率因数自动补偿柜主要由(　　)和无功补偿自动投切装置组合而成。

A. 电容器组　　B. 避雷器　　C. 变压器

494. 应装设报警式漏电保护器而不自动切断电源的是(　　)。

A. 消防用电梯　　B. 员工宿舍插座回路

C. 生产用的电气设备

495. 在电动机电路中具有过载保护的电器有(　　)。

A. 交流接触器　　B. 热继电器　　C. 时间继电器

496.《电力法》规定,电力设施受(　　)保护。

A. 国家　　B. 群众　　C. 省级人民政府

497. 电路中任意两点间电位(　　)称为电压。

A. 之和　　B. 之差　　C. 之积

498. 交流接触器的接通能力,是指开关闭合接通电流时不会造成(　　)的能力。

A. 触点熔焊　　B. 电弧出现　　C. 电压下降

499. 电动机在额定工作状态下运行时,允许输出的机械功率是指(　　)。

A. 额定电压　　B. 额定功率　　C. 额定电流

500. 方向不变,大小随时间有脉动变化的电流称为(　　)。

A. 脉动交流电　　B. 正弦交流电　　C. 脉动直流电

501. 电容器组在正常情况下的投入或退出运行,应根据系统无功负荷潮流和负荷功率因数以及电压情况来决定。当变电所全部停电操作时,应(　　)。

A. 先拉开各路出线开关,后拉开电容器组开关

B. 先拉开电容器组开关,后拉开各路出线开关

C. 无所谓先后顺序

502. TN 系统分为(　　)种形式。

A. 2　　B. 3　　C. 1

503. 星形连接时三相电源的公共点称为三相电源的(　　)。

A. 接地点　　B. 参考点　　C. 中性点

504. 低压配电装置按电气设备安装地点不同分为(　　)配电装置。

A. 装配式和成套式　　B. 高压和低压　　C. 屋内和屋外

505. 下列关于特殊场所使用安全特低电压照明器,错误的是(　　)。

A. 特别潮湿场所导电良好的地面,电源电压不得大于 12 V

B. 锅炉或金属容器内的照明,电源电压不得大于 24 V

C. 潮湿和易触及带电体场所的照明,电源电压不得大于 24 V

506. 在磁体内部,磁力线的方向是(　　)。

A. 由 N 极到达 S 极　　B. 由 S 极到达 N 极

C. 由 N 极出发到无穷远处

507. 在纯电感交流电路中,电路的无功功率(　　)。

A. 等于零

B. 等于电路电压与电流的有效值的乘积

C. 小于电路电压与电流的有效值的乘积

508. 荧光灯镇流器有两种,即(　　)和电子型。

A. 电阻型　　B. 电抗型　　C. 电感型

509. 在三相交流电路中,常用颜色(　　)来表示 UVW 三相。

A. 黄红绿　　B. 黄绿红　　C. 红绿黄

510. 开关距门框的距离为(　　)。

A. 15~20 cm　　B. 10 cm　　C. 10~30 cm

511. 某员工因工伤导致残疾,经鉴定为四级伤残,依照《工伤保险条例》有关规定,该员工可领取一次性伤残补助金的标准是(　　)。

A. 21 个月的本人工资　　B. 23 个月的本人工资

C. 18 个月的本人工资

512. 下列选项中,不属于三相异步电动机的调速方法的是(　　)。

A. 改变磁极对数　　B. 改变电磁转矩　　C. 改变电源频率

513. 依据《中华人民共和国劳动法》,劳动合同应当以书面形式订立,以下无

须订立的条款是(　　)。

A. 工作方式　　B. 劳动合同期限

C. 劳动保护和劳动条件

514. 下列关于自耦变压器启动优缺点的说法中,不正确的是(　　)。

A. 启动时电源所需的容量比直接启动大

B. 可按容许的启动电流及所需的转矩来选启动器的不同抽头

C. 电机定子绕组不论采用星形或三角形连接,都可使用

515. 电路处于(　　)状态时,电路中没有电流流过。

A. 短路　　B. 通路　　C. 开路

516. 在纯电感交流电路中,电路的(　　)。

A. 有功功率大于零　　B. 有功功率等于零　　C. 有功功率小于零

517. 以下属于导线常用材料的是(　　)。

A. 铝　　B. 银　　C. 钢

518. 使用脚扣时,应将脚掌穿入脚扣的皮带与脚扣踏板之间,然在皮带扣的扣压两侧接上一段适当长度的橡胶带,将橡胶带扣在(　　)。

A. 脚后跟　　B. 脚掌　　C. 小腿

519. 下列不属于避雷装置的是(　　)。

A. 接闪器或避雷器　　B. 引下线　　C. 隔离开关

520. 下列选项中,(　　)是保证电气作业安全的组织措施。

A. 工作许可制度　　B. 停电　　C. 悬挂接地线

521. 导体的电阻越小,则其电导就(　　)。

A. 不变　　B. 越小　　C. 越大

522. 用于低压配电线路和通信线路的绝缘子是(　　)。

A. 玻璃绝缘子　　B. 低压绝缘子　　C. 高压绝缘子

523. 热缩管是在(　　)收缩的产品。

A. 受冷时　　B. 常温下　　C. 受热时

524. 数字式万用表除了具有指针式万用表的功能外,还可以测量(　　)。

A. 电场强度　　B. 电容　　C. 磁场强度

525. 常用的电工测量方法不包括(　　)。

A. 直接测量法　　B. 数字测量法　　C. 间接测量法

526. 闭合回路中感应电流产生的磁场总是(　　)。

A. 顺应原来电流的变化　　B. 阻碍原来电流的变化

C. 顺应原来磁通量的变化　　D. 阻碍原来磁通量的变化

527. 在电阻串联的电路中,电路的端电压 U 等于(　　)。

A. 各串联电阻端电压的最大值
B. 各串联电阻的端电压
C. 各串联电阻端电压的总和

528. 电气设备未经检验一律视为(　　)。
A. 有电　　B. 可能有电　　C. 无电

529. 电光源根据工作原理可分为(　　)和气体放电光源等。
A. 自发光光源　　B. 热辐射光源　　C. 电弧光源

530. 在民用建筑物的配电系统中,一般采用(　　)断路器。
A. 电动式　　B. 框架式　　C. 漏电保护

531. 电烙铁用于(　　)导线接头等。
A. 铜焊　　B. 锡焊　　C. 铁焊

532. “禁止合闸,有人工作”的标识牌应制作为(　　)。
A. 白底红字　　B. 红底白字　　C. 白底绿字

533. 特种作业人员在操作证有效期内,连续从事本工种 10 年以上,无违法行为,经考核发证机关同意,操作证复审时间可延长至(　　)年。
A. 4　　B. 6　　C. 10

534. 电动机定子三相绕组与交流电源的连接称为接法,其中 Y 为(　　)。
A. 三角形接法　　B. 星形接法　　C. 延边三角形接法

535. 进行心肺复苏应将伤员(　　)在硬木地板或硬质地面上。
A. 侧卧　　B. 俯卧　　C. 仰卧

536. 按国际和我国标准,(　　)线只能用做保护接地或保护接零线。
A. 蓝色　　B. 黑色　　C. 黄绿双色

537. 按照工作原理,电工仪表分为(　　)等。
A. 数字式　　B. 电磁式　　C. 指针式

538. 墙边开关安装时距离地面的高度为(　　)m。
A. 1.3　　B. 1.5　　C. 2

539. 单相三孔插座的上孔接(　　)。
A. 相线　　B. 零线　　C. 地线

二、判断题

1. 当电气火灾发生时,如果无法切断电源,就只能带电灭火,并选择干粉或者二氧化碳灭火器,尽量少用水基式灭火器。(　　)

2. 安全生产工作必须坚持中国共产党的领导。(　　)

3. 保护接零适用于中性点直接接地的配电系统中。(　　)

4. 依据《最高人民法院、最高人民检察院关于办理危害生产安全刑事案件适用法律若干问题的解释》规定，构成《刑法》规定的安全生产的犯罪行为，只要在安全事故发生后积极组织、参与事故抢救，或者积极配合调查、主动赔偿损失，就可以酌情从轻处罚。（　）

5. 低压电笔的测量范围为400 V以下。（　）

6. 验电是保证电气作业安全的技术措施之一。（　）

7. 钳形电流表可做成既能测交流电流，也能测量直流电流。（　）

8. 如果一个灯泡不亮而其他灯泡都亮，应首先检查灯丝是否是烧断。（　）

9. 导线接头的抗拉强度必须与原导线的抗拉强度相同。（　）

10. 一般情况下，接地电网的单相触电比不接地的电网的危险性小。（　）

11. 再生发电制动只用于电动机转速高于同步转速的场合。（　）

12. 熔断器的额定电压是从过载角度出发作出的规定。（　）

13. 各种类型的绝缘导线，其允许工作温度为50 ℃。（　）

14. 对于转子有绕组的电动机，将外电阻串入转子电路中启动，并随电动机转速升高而逐渐地将电阻值减小并最终切除，称为转子串电阻启动。（　）

15. 发现有人触电后，应立即通知医院派救护车来抢救，在医生来到前，现场人员不能对触电者进行抢救，以免造成二次伤害。（　）

16. 对电动机轴承润滑的检查，可通电转动电动机转轴，看是否转动灵活，听有无异声。（　）

17. 基尔霍夫第一定律是节点电流定律，是用来证明电路上各电流之间关系的定律。（　）

18. 黄绿双色的导线只能用于保护线。（　）

19. 测量交流电路的有功电能时，电压线圈、电流线圈可任意接在线路上。（　）

20. 把绝缘导线穿在管内敷设，称为穿管配线。（　）

21. 低压架空线路夜间巡视可发现白天巡视中不易发现的缺陷，如电晕现象，局部火花放电现象等。（　）

22. 剩余电流保护装置是指电路中相间短路故障所产生的故障电流超过规定值时，能够自动切断电源或报警的保护装置。（　）

23. 截面积较小的单股导线平接时可采用绞接法。（　）

24. 选择剩余电流保护器，必须考虑用电设备和电路正常泄漏电流的影响。（　）

25. 低压验电器可以验出500 V以下的电压。（　）

26. 根据《中华人民共和国消防法》规定,对于谎报火警的,应依照《中华人民共和国治安管理处罚法》的规定予以处罚。 (　　)

27. 旋转磁场的旋转方向取决于通入定子绕组中的三相交流电源的相序。 (　　)

28. 对从事接触职业病危害因素的特种作业人员,用人单位应当按照国家颁发的行政法规规定,组织上岗前、在岗期间和离岗时的职业健康检查,并将检查结果书面告知劳动者。 (　　)

29. 在带电维修线路时,应站在绝缘垫上。 (　　)

30. 低压开关广泛采用的狭缝灭弧装置,是由灭弧罩和磁吹装置组成的。 (　　)

31. 照明线路的接地点多发生在穿墙部位和靠近墙壁或天花板等部位。 (　　)

32. 职工发生工伤事故后,用人单位未在《工伤保险条例》规定的时限内提交工伤认定申请的,在此期间发生符合规定的工伤待遇等有关费用由用人单位负担。 (　　)

33. 规定小磁针的北极所指的方向是磁力线的方向。 (　　)

34. 进户线选择铜芯绝缘线的最小截面积不得小于 2.5 mm^2。 (　　)

35. 额定电压为 380 V 的熔断器可用在 220 V 的线路中。 (　　)

36. 绝缘棒在闭合或拉开高压隔离开关和跌落式熔断器、装拆携带式接地线,以及进行辅助测量和试验使用。 (　　)

37. 接地线是为了在已停电的设备和线路上意外地出现电压时保证工作人员的重要工具。按规定,接地线必须是由截面积 25 mm^2 以上裸铜软线制成。 (　　)

38. 铁壳开关安装时外壳必须可靠接地。 (　　)

39. 接地线是为了在已停电的设备和线路上意外地出现电压时保证工作人员安全的重要工具。 (　　)

40. 同一电器元件的各部件分散地画在原理图中,必须按顺序标注文字符号。 (　　)

41. 空气是架空电力线路导线之间及导线对地的自然绝缘介质。 (　　)

42. 时间继电器的文字符号为 KT。 (　　)

43. 导线接头位置应尽量在绝缘子固定处,以方便统一扎线。 (　　)

44. 并联补偿电容器主要用在直流电路中。 (　　)

45. 刀开关的文字符号为 JY。 (　　)

46. 低电压保护属于 110 kV 及以下并联电容器组保护测控装置在保护方面

的主要功能。（　　）

47. 触电者神志不清，有心跳，但呼吸停止，应立即进行口对口人工呼吸。（　　）

48. 电动机定额工作制分为连续定额、短时定额、断续定额。（　　）

49. 熔断器的种类按其结构可分为无填料封闭管式、插入式、螺旋式、有填料封闭管式等。（　　）

50. 在交流电路中，电阻、纯电感和纯电容都是耗能元件。（　　）

51. 在串联电路中，电流处处相等。（　　）

52. 交流电动机铭牌上的频率是此电机使用的交流电源的频率。（　　）

53. 低压断路器的脱扣器有很多种，其中失压脱扣器具有欠压和失压保护作用。（　　）

54. 锡焊晶体管等弱电元件应用100 W的电烙铁。（　　）

55. 对电机各绕组的绝缘检查，若测出绝缘电阻不合格，则不允许通电运行。（　　）

56. 在低压配电系统中装设剩余电流保护装置只能防止直接接触电击事故。（　　）

57. 节能灯具有发光效率高、节能效果明显、寿命长、体积小、使用方便等许多优点。（　　）

58. 安全可靠是对任何开关电器的基本要求。（　　）

59. 从过载角度出发，规定了熔断器的额定电压。（　　）

60. 在生产、作业中违反有关安全管理的规定，因而发生重大伤亡事故或者造成其他严重后果的，处三年以下有期徒刑或者拘役；情节特别恶劣的，处三年以上七年以下有期徒刑。（　　）

61. 在直流电路中，常用棕色表示正极。（　　）

62. 拆除接地线应先拆除接地端再拆除导体端。（　　）

63. 在单相电度表前允许安装开关，以方便用户维护电度表。（　　）

64. 摇表摇动后产生的电压，L端为负极，E端为正极。（　　）

65. 不可用万用表欧姆挡直接测量微安表、检流计或电池的内阻。（　　）

66. 用钳表测量电动机空转电流时，应当用小电流挡一次测量。（　　）

67. 在居民区，3 kV以下架空电力线路导线与地面之间的最小距离为6.0 m。（　　）

68. 电容器的容量就是电容量。（　　）

69. 在安全色标中用绿色表示安全、通过、允许、工作。（　　）

70. 移动式电气设备电源应采用高强度铜芯橡皮护套硬绝缘电缆。（　　）

71. 用人单位应当及时安排对疑似职业病病人进行诊断;在疑似职业病病人诊断或者医学观察期间,不得解除或者终止与其订立的劳动合同。 ( )

72. 电容器室必须装设采暖装置。 ( )

73. 接触器按主触点通过电流的种类,分为高压接触器和低压接触器。 ( )

74. 接地电阻表主要由手摇发电机、电流互感器、电位器以及检流计组成。 ( )

75. 照明 220 V 灯具安装在潮湿、危险场所及户外时不应低于 2.5 m。 ( )

76. 电动机是一种将电能转化为机械能的动力设备,按电流性质可分为直流电动机和交流电动机。 ( )

77. 按照光源的性质,照明分为热辐射光源和气体放电光源照明。 ( )

78. 单相 220 V 电源供电的电气设备,应选用三极式漏电保护装置。 ( )

79. 作业时可以允许水滴、油污及杂物落到电动机上,清理干净即可。 ( )

80. 生产经营单位应当对从业人员进行应急教育和培训,保证从业人员具备必要的应急知识,掌握风险防范技能和事故应急措施。 ( )

81. 在生产、作业中违反有关安全管理的规定,关闭、破坏直接关系生产安全的监控、报警、防护、救生设备、设施,虽然具有发生重大伤亡事故或者其他严重后果的危险,但实际上却侥幸尚未发生事故,则不会被追究刑事责任。 ( )

82. 人员密集场所发生火灾,该场所的现场工作人员应当立即组织、引导在场人员进行灭火,控制火情,不得擅自疏散。 ( )

83. 在一个电路中,电源产生的功率和负载消耗功率以及内阻损耗的功率是平衡的。 ( )

84. 载流导体在磁场中一定受到磁场力的作用。 ( )

85. 当采用安全特低电压作直接电击防护时,应选用 25 V 及以下的安全电压。 ( )

86. 赵某作为企业的一名主管,明知施工现场存在重大事故隐患而不排除,要求继续实施相关作业,结果发生火灾导致 11 人死亡。赵某的行为已触犯《刑法》。 ( )

87. 在三相异步电动机的机座上均装有一块铭牌,铭牌上标出了该电动机的型号及主要技术数量,供正确使用电动机时参考。 ( )

88. 断路器的符号为 JY。 ( )

89. TT 系统是配电网中性点直接接地,用电设备外壳也采用接地措施的

系统。（　　）

90. 我国正弦交流电的频率为 50 Hz。（　　）

91. 感知概率为 50% 时，成年男性的平均感知电流值约为 1.1 mA，最小为 0.5 mA，成年女性约为 0.6 mA。（　　）

92. 当通过电阻 R 的电流 I 一定时，电阻 R 消耗的电功率 P 与电阻 R 的大小成反比。（　　）

93. 欧姆定律指出，在一个闭合电路中，当导体温度不变时，通过导体的电流与加在导体两端的电压成反比，与其电阻成正比。（　　）

94. 漏电开关只有在有人触电时才会动作。（　　）

95. 据部分省市统计，农村触电事故要少于城市的触电事故。（　　）

96. 李某为提高生产效率、增加工资收入，违反有关安全管理的规定，关闭了安全防护装置，这种行为会带来发生重大伤亡事故的现实危险，所幸的是没有发生生产安全事故，所以李某不会被追究刑事责任。（　　）

97. 生产经营单位的主要负责人是本单位安全生产第一责任人，对本单位的安全生产工作全面负责。其他负责人对职责范围内的安全生产工作负责。（　　）

98. 在架空线路转角、分支、耐张、终端和跨越杆均应装设拉线。（　　）

99. 水和金属比较，水的导电性能更好。（　　）

100. 电气控制系统图包括电气原理图和电气安装图。（　　）

101. 正弦交流电的周期与角频率的关系互为倒数。（　　）

102. 按钮根据使用场合，可选的种类有开启式、防水式、防腐式、保护式等。（　　）

103. 为防止跨步电压触电，进入故障点区域人员应穿绝缘靴。（　　）

104. 电度表是专门用来测量设备功率的装置。（　　）

105. 当拉下总开关后，线路即视为无电。（　　）

106. 常用绝缘安全防护用具有绝缘手套、绝缘靴、绝缘隔板、绝缘垫、绝缘站台等。（　　）

107. 电流和磁场密不可分，磁场总是伴随着电流而存在，而电流永远被磁场所包围。（　　）

108. 使用电气设备时，由于导线截面选择过小，当电流较大时也会因发热过大而引发火灾。（　　）

109. 电磁式交流接触器和直流接触器都装有短路环，以消除铁芯的振动和噪声。（　　）

110. 低压绝缘材料的耐压等级一般为 500 V。（　　）

111. 按照通过人体电流的大小、人体反应状态的不同,可将电流划分为感知电流、摆脱电流和室颤电流。 ( )

112. 对称的三相电源是由振幅相同、初相依次相差 120°的正弦电源,连接组成的供电系统。 ( )

113. 安装在室外地上的变压器,以及安装在车间或公共场所的变配电装置,均需要装设遮拦作为屏护。 ( )

114. 生产经营单位应当对从业人员进行安全生产教育和培训,保证从业人员具备必要的安全生产知识,熟悉有关的安全生产规章制度和安全操作规程,掌握本岗位的安全操作技能,了解事故应急处理措施,知悉自身在安全生产方面的权利和义务。未经安全生产教育和培训合格的从业人员,不得上岗作业。 ( )

115. 低压断路器又称自动空气开关。 ( )

116. 因闻到焦臭味而停止运行的电动机,必须找出原因后才能再通电使用。 ( )

117. 要保持电动机的清洁,特别是接线端和绕组表面的清洁。 ( )

118. 电容器放电的方法就是将其两端用导线连接。 ( )

119. 交流接触器的额定工作电压,是指在规定条件下,能保证电器正常工作的最高电压。 ( )

120. 直流电流表可以用于交流电路测量。 ( )

121. 机关、学校、企业、住宅等建筑物内的插座回路不需要安装漏电保护装置。 ( )

122. 用电笔验电时,应赤脚站立,保证与大地有良好的接触。 ( )

123. 按规定,接地线必须是由截面积不小于 25 mm^2 的裸铜软线制成。 ( )

124. 为了保证送配电电能的质量,同时减少工程费用,要合理选择导线的截面积。 ( )

125. 定子铁芯一般用 0.5 mm 厚表面有绝缘层的硅钢片叠压而成。 ( )

126. 确定漏电范围时,应取下分路熔断器或拉下开关刀闸,电流表若不变化,则表明是分路漏电。 ( )

127. 带电机的设备,在电机通电前要检查电机的辅助设备和安装底座、接地等,正常后再通电使用。 ( )

128. 照明电路常见的故障主要有断路、短路和漏电三种。 ( )

129. 依据《生产安全事故报告和调查处理条例》,事故报告应当及时、准确、完整,任何单位和个人对事故不得迟报、漏报、谎报或者瞒报。 ( )

130. Ⅱ类手持电动工具比Ⅰ类工具安全可靠。 ( )

131. 保护熔丝熔断后，未经查明原因之前，可以更换熔丝送电。（　）

132. 罩壳是电动机有孔的外壳之一，与电动机风扇相连，主要起到通风散热、保护电动机风扇等内部零件的作用。（　）

133. 电容器装置与其他电器设备不同，除非有特殊情况，否则严禁在不接入主保护（不平衡保护）的情况下试合闸或运行。（　）

134. 30~40 Hz 的电流危险性最大。（　）

135. 电容器组允许带电荷合闸。（　）

136. 按规范要求，穿管绝缘导线用铜芯线时，截面积不得小于 1 mm^2。（　）

137. 触电分为电击和电伤。（　）

138. 依据《中华人民共和国消防法》，违反规定使用明火作业或者在具有火灾、爆炸危险的场所吸烟、使用明火的，处警告或五百元以下罚款，情节严重的，处五日以下拘留。（　）

139. 尖嘴钳头部尖细，不适用于在狭小空间操作。（　）

140. 特殊场所暗装的插座安装高度不小于 1.5 m。（　）

141. 特种作业人员未经专门的安全作业培训，未取得相应资格，上岗作业导致事故的，应追究生产经营单位有关人员的责任。（　）

142. 方向不随时间变化的电流称为直流电流。（　）

143. 遮栏是为防止工作人员无意碰到带电设备部分而装设备的屏护，分临时遮栏和常设遮栏两种。（　）

144. 低压断路器的脱扣器有很多种，其中电磁脱扣器起短路保护作用。（　）

145. 10 kV 以下运行的阀型避雷器的绝缘电阻应每年测量一次。（　）

146. 当电缆与城镇街道、公路或铁路交叉时，保护管的管径不得小于 100 mm。（　）

147. 10~20 Hz 的电流危险性最大。（　）

148. 电工特种作业人员应当具备高中或相当于高中以上文化程度。（　）

149. 封闭式低压配电柜的主开关操作与门有机械联锁，以防止误入带电间隔。（　）

150. 能耗制动这种方法是将转子的动能转化为电能，并消耗在转子回路的电阻上。（　）

151. 应急照明包括备用照明、安全照明和疏散照明。（　）

152. 当发生火灾，火势蔓延时，应用湿毛巾或湿衣服遮掩口鼻，放低身体姿势，浅呼吸，快速、有序地向安全出口撤离。（　）

153. 指针式万用表使用前的校表包括机械调零和欧姆调零。（　）

154. 交流接触器的主要技术参数有额定电流、额定电压、通断能力、频率、线圈的参数、机械寿命与电寿命等。 ( )

155. 部分电路欧姆定律表明,当电流一定时,电阻大小与电阻两端的电压成正比。 ( )

156. 对于转子有绕组的电动机,将外电阻串入转子电路中启动,并随电机转速升高而逐渐地将电阻值减小并最终切除,称为转子串电阻启动。 ( )

157. 电弧具有导电性,只要电弧没有熄灭,开关电器就不会断开电路。 ( )

158. 当电源电压恒定时,异步电动机最大转矩会随着负载的增加而增加。 ( )

159. 为了安全可靠,所有开关均应同时控制相线和零线。 ( )

160. 交流钳形电流表可测量交直流电流。 ( )

161. 摇表可以直接对被测设备进行绝缘测量。 ( )

162. 对遭受或者可能遭受急性职业病危害的劳动者,用人单位应当及时组织救治、进行健康检查和医学观察,所需费用由用人单位承担。 ( )

163. 熔断器的文字符号为 FU。 ( )

164. 隔离开关承担接通和断开电流任务,可将电路与电源隔开。 ( )

165. 螺口灯头的台灯应采用三孔插座。 ( )

166. 电气照明按照明功能分类可分为一般照明、局部照明和混合照明。 ( )

167. 在选用断路器时,要求断路器的额定通断能力要大于或等于被保护线路中可能出现的最大负载电流。 ( )

168. 电压的大小用电压表来测量,测量时将其串联在电路中。 ( )

169. 组合开关不可以直接启动 5 kW 以下的电动机。 ( )

170. 一般额定电压为 380 V 的三相异步电动机,用 500 V 的兆欧表测量绝缘电阻应大于 0.2 MΩ 才可使用。 ( )

171. 电阻降压启动具有平稳、工作可靠、设备线路简单、启动时功率因数高等优点。 ( )

172. 电工仪表的精确度等级分为 0.5、1、3 等。 ( )

173. 组合开关应根据电压等级、极数、负荷性质及负荷容量选用。 ( )

174. 如果被测的接地电阻小于 1 Ω,应使用四端钮的接地电阻表。 ( )

175. 用钳表测量电动机空转电流时,可直接用小电流挡一次测量出来。 ( )

176. 当线圈失电时,交流接触器动合触点先断开,动断触点再合上。 ( )

177. 为了保证电气作业的安全性,新入厂的工作人员只有接受工厂、车间等部门的两级安全教育,才能从事电气作业。（　）

178. 三相交流电路中,A 相用红色标记。（　）

179. 磁力线在某区域的密度与该区域的磁场强弱成正比。（　）

180. 电机在正常运行时,如闻到焦臭味,则说明电机速度过快。（　）

181. 特种作业人员应当学习和掌握相关的职业卫生知识,增强职业病防范意识。（　）

182. 使用电气设备时,由于导线截面选择过小,当电流较大时不会因发热过大而引发火灾。（　）

183. 工频电流比高频电流更容易引起皮肤灼伤。（　）

184. 自动空气开关具有过载、短路和欠电压保护。（　）

185. 移动式电气设备的电源一般采用架设或穿钢管保护的方式。（　）

186. 绝缘材料就是指绝对不导电的材料。（　）

187. 接触器的文字符号为 KM。（　）

188. 依据《中华人民共和国消防法》,扰乱火灾现场秩序,或者拒不听从火灾现场指挥员指挥,影响灭火救援,情节较轻的,处警告或者五百元以下罚款。（　）

189. 测量额定电压在 500 V 以下的设备绝缘电阻时,可选用 500 V 摇表来测量。（　）

190. 在爆炸危险场所,应采用三相四线制,单相三线制方式供电。（　）

191. 漏电断路器在被保护电路中有漏电或有人触电时,零序电流互感器就产生感应电流,经放大使脱扣器动作,从而切断电路。（　）

192. 低压电气设备停电检修时,检修人员走错位置,误入带电间隔及过分接近带电部分,可能导致触电事故。（　）

193. 安全工器具的机械绝缘性能不确定时,应进行试验,合格后方可使用。（　）

194. 电气设备检修时,不仅需要切断电源,而且需要使电气设备与带电部分隔离并保持足够的安全距离。（　）

195. 220 V 的交流电压的最大值为 380 V。（　）

196. 异步电动机的转差率是旋转磁场的转速与电动机转速之差与旋转磁场的转速之比。（　）

197. 在三相交流电路中,负载为三角形接法时,其相电压等于三相电源的线电压。（　）

198. 低压断路器的触点系统包括主触点、辅助触点,其中辅助触点是用来辅

助主触点分、合主电路的。 (　　)

199. 电动机在运行时,如果出现尖叫、沉闷、摩擦、撞击或振动等异音,应立即断电检查。 (　　)

200. 导线连接后接头与绝缘层的距离越小越好。 (　　)

201. 钢绞线不能作为导线使用。 (　　)

202. 装有并联电阻的断路器不准使用手动操作机构进行合闸。 (　　)

203. 电线直接钩挂在刀闸上或直接插入插座内可能导致触电或电源短路造成火灾。 (　　)

204. 电力电缆的结构相当于一个电容器,无功输出非常大。 (　　)

205. 易燃易爆物品、危险化学品等危险物品的生产、经营、储存、运输到建筑施工单位、商场、娱乐场所、旅游景区等人员密集场所经营单位,应当每年组织1次生产安全事故应急救援预案演练,并将演练情况报送所在地县级以上地方人民政府负有安全生产监督管理职责的部门。 (　　)

206. 要经常检查、监视电动机的温度,观察电动机的通风是否良好。 (　　)

207. 导体电阻的大小与导体的长度成反比,与横截面积成正比,并与材料的性质有关。 (　　)

208. 交流电流的频率越高,则电感元件的感抗值越小,而电容元件的容抗值越大。 (　　)

209. 当电路断开时,电源端电压在数值上等于电源电动势。 (　　)

210. 在配电室进行的检维修作业,不需要进行风险分析,只要采取必要的安全措施即可。 (　　)

211. 无论在任何情况下,晶体管都具有电流放大功能。 (　　)

212. 热继电器的保护特性在保护电机时,应尽可能与电动机过载特性贴近。 (　　)

213. 人体触电后能够自主摆脱的电流称为感知电流。 (　　)

214. 使用竹梯作业时,梯子放置与地面夹角50°左右为宜。 (　　)

215. 通用继电器是可以更换不同性质的线圈,从而将其制成各种继电器。 (　　)

216. 对电机各绕组的绝缘检查,若测出绝缘电阻不合格,则不允许通电运行。 (　　)

217. 测量电压时,电压表应与被测电路并联。 (　　)

218. 电工应做好用电人员在特殊场所作业的监护作业。 (　　)

219. 分断电流能力是各类刀开关的主要技术参数之一。 (　　)

220. 电容器应安装在无腐蚀性气体及无蒸气、没有剧烈震动、冲击、爆炸、易

燃等危险场所。（　　）

221. 交流接触器的额定电流，是在额定的工作条件下所确定的电流值。（　　）

222. 补偿电容器的容量越大越好。（　　）

223. 导线的工作电压应大于其额定电压。（　　）

224. 电工应严格按照操作规程进行作业。（　　）

225. 旋转电器设备着火时不宜用干粉灭火器灭火。（　　）

226. 在有爆炸和火灾危险场所使用手持式或移动式电动工具时，必须采用有防爆措施的电动工具。（　　）

227. 要改变三相异步电动机的旋转方向只需要改变旋转磁场的转向即可。（　　）

228. 测量电流时应把电流表串联在被测电路中。（　　）

229. 当灯具达不到最小高度时，应采用 24 V 以下电压。（　　）

230. 相线绝缘损坏而接地，用电设备内部绝缘损坏使外壳带电等原因，均会造成漏电。（　　）

231. RCD 的选择，必须考虑用电设备和电路正常泄漏电流的影响。（　　）

232. 按钮的文字符号为 SB。（　　）

233. 接闪杆可以用镀锌钢管焊成，其长度应在 1 m 以上时，钢管直径不得小于 20 mm。（　　）

234. 使用兆欧表前不必切断被测设备的电源。（　　）

235. 通用继电器可以更换不同性质的线圈，从而将其制成各种继电器。（　　）

236. 挂登高板时，应钩口向外并且向上。（　　）

237. 危险场所室内的吊灯与地面距离不少于 3 m。（　　）

238. 当电容器爆炸时，应立即检查。（　　）

239. 防雷装置应沿建筑物的外墙敷设，并经最短途径接地，如有特殊要求可以暗设。（　　）

240. 交流电每交变一周所需的时间称为周期 T。（　　）

241. 两相触电危险性比单相触电小。（　　）

242. 电气安装接线图中，同一电器元件的各部分必须画在一起。（　　）

243. 棒式绝缘子一般只能用在一些受力比较小的承力杆，且不宜用于跨越公路、铁路或市中心区域等重要地区的线路。（　　）

244. 按照发生电击时电气设备的状态，触电分为直接触电和间接触电。（　　）

245. 某作业人员在上岗作业期间,故意从高空坠落而自残,此时用人单位本着以人为本的理念,视同该员工为工伤。该用人单位的做法是正确的。 ( )

246. HK 系列刀形隔离开关熔断器组触点和出线端子的连接采用铆钉铰接,因此连接点易发热出现熔蚀现象。 ( )

247. 验电器在使用前必须确认良好。 ( )

248. 组合开关在选择直接控制电机时,要求其额定电流可取电动机额定电流的 2~3 倍。 ( )

249. 当电容器测量时万用表指针摆动后停止不动,说明电容器短路。 ( )

250. 一件事件发生的可能性很大或者频率很高,就可以理解为这个事件的风险很大。 ( )

251. 当电阻 R 两端的电压 U 一定时,电阻 R 消耗的电功率 P 与电阻 R 的大小成正比。 ( )

252.《安全生产法》明确,应当把保护人民生命安全摆在首位,树牢安全发展理念。 ( )

253. 白炽灯属热辐射光源。 ( )

254. 特种作业操作证每 1 年由考核发证部门复审一次。 ( )

255. 过载是指线路中的电流大于线路的计算电流或允许载流量。 ( )

256. 二极管只要工作在反向击穿区,一定会被击穿。 ( )

257. 电容器不允许装设自动重合闸装置。 ( )

258. 在没有用验电器验电前,线路应视为有电。 ( )

259. “止步,高压危险”的标识牌的式样是白底、红边,有红色箭头。 ( )

260. 1 焦[耳]表示 1 安[培]电流通过 1 欧[姆]电阻在 1 s 之内产生全部热量时所消耗的电能。 ( )

261. 荧光灯的灯管不用与镇流器、启辉器配套使用。 ( )

262. 电阻降压启动的主要缺点是电阻的功率损耗小、温升高,所以一般不宜用于频繁启动。 ( )

263. 为了仔细观察电力设备的运行状况,巡视人员可以越过设备的围栏。 ( )

264. 电动机按铭牌数值工作时,短时运行的定额工作制用 S2 表示。 ( )

265. 气体放电光源是利用电流流经气体或金属蒸气时,使之产生气体放电而发光的光源。 ( )

266. 中间继电器的动作值与释放值可调节。 ( )

267. 强令他人违章冒险作业,或者明知存在重大事故隐患而不排除,仍冒险组织作业，因而发生重大伤亡事故或者造成其他严重后果的，处五年以下有期徒刑或者拘役；情节特别恶劣的，处五年以上有期徒刑。（　）

268. 安全用具分为绝缘安全用具和一般防护安全用具。（　）

269. 由于泄愤报复或者其他个人目的，毁坏机器设备、残害耕畜或者以其他方法破坏生产经营的行为，违反《刑法》有关规定。（　）

270. 室内明配线敷设时，必须与煤气管道、热水管道等各种管道保持一定的安全距离。（　）

271. 张某从事电工作业已12周年，到了第二轮复审换证时间。依据《特种作业人员安全技术培训考核管理规定》有关要求，张某提出延长复审申请，当地考核发证部门应当同意其申请，免予当次复审，直接发放新证。（　）

272. 电机异常发响、发热的同时，转速急速下降，应立即切断电源，停机检查。（　）

273. 对于容易产生静电的场所，应保持地面潮湿，或者铺设导电性能较好的地板。（　）

274. 生产经营单位发现从业人员的身体、心理状况和行为习惯出现异常时，应加强对从业人员的心理疏导、精神慰藉。（　）

275. 安装电容器时必须保持电气回路和接地部分接触良好。（　）

276. 在断电之后，电动机停转，当电网再次来电，电动机能自行启动的运行方式称为失压保护。（　）

277. 电工刀的手柄是无绝缘保护的，不能在带电导线或器材上剖切，以免触电。（　）

278. 三相电动机的转子和定子要同时通电才能工作。（　）

279. 在串联电路中，电路总电压等于各电阻的分电压之和。（　）

280. 异步电动机能耗制动这种方法是将转子的动能转化为电能，并消耗在转子回路的电阻上。（　）

281. 使用万用表电阻挡能够测量变压器的线圈电阻。（　）

282. 用星-三角降压启动时，启动转矩为直接采用三角形连接时启动转矩的1/3。（　）

283. 明配线在敷设时要保持水平和垂直(横平竖直)。（　）

284. 从业人员不落实岗位安全责任，违反安全生产规章制度或者操作规程的，由应急管理部门给予批评教育并给予处分。（　）

285. 直流电压表的“+”端接电路的高电位点，“-”端接电路的低电位点。（　）

286. 电工作业分为高压电工和低压电工。（　）

287. 摇表在使用前,无须先检查摇表是否完好,可直接对被测设备进行绝缘测量。 ( )

288. 电容器回路中的任何不良接触,均可能产生高频振荡电弧,造成电容器的工作电场强度增高和发热损坏。 ( )

289. 幼儿园及小学等儿童活动场所插座安装高度不宜小于 1.8 m。 ( )

290. 在电压低于额定值的一定比例后能自动断电的称为欠压保护。 ( )

291. 事故照明不允许和其他照明共用同一线路。 ( )

292. 频率的自动调节补偿是热继电器的一项功能。 ( )

293. 开关电器中的电弧如果不能及时熄灭,可能会造成电路不能可靠接通。 ( )

294. 变配电设备应有完善的屏护装置。 ( )

295. 用钳表测量电动机空转电流时,不需要挡位变换可直接进行测量。 ( )

296. 串联电容器用于电力系统中无功补偿,补偿负荷的感性电流,减小线路损耗,调节无功平衡。 ( )

297. 任何单位、个人都应当无偿为报警提供便利,不得阻拦报警。 ( )

298. 良好的摇表,在摇表两连接线(L、E)短接时,摇动手柄,指针应在“0”处。 ( )

299. 在高压线路发生火灾时,应采用有相应绝缘等级的绝缘工具,迅速拉开隔离开关切断电源,选择二氧化碳或者干粉灭火器进行灭火。 ( )

300. 某一段时间内负载消耗的电能可以用电度表来测量。 ( )

301. 三相异步电动机的转子导体中会形成电流,其电流方向可用右手定则判定。 ( )

302. 电容器装箱时,其套管应向上直立放置。 ( )

303. 工作票是准许在电气设备上工作的书面命令,是执行保证安全技术措施的书面依据,一般有三种格式。 ( )

304. 作为一名电气工作人员,对发现任何人员有违反《电业安全工作规程》,应立即制止。 ( )

305. 在狭窄场所(如锅炉、金属容器内等)使用Ⅰ类工具时,必须装设漏电保护器。 ( )

306. 电动势的正方向规定为从低电位指向高电位,所以测量时电压表应正极接电源负极、而电压表负极接电源的正极。 ( )

307. 异步电动机的转差率是旋转磁场的转速与电动机转速的差值与旋转磁场的转速之比。 ( )

308. 生产经营单位应当建立健全并落实生产安全事故隐患排查治理制度，如实记录事故隐患排查治理情况。但有时为避免不必要的恐慌，重大事故隐患排查治理情况可不向从业人员通报。 ( )

309. 为了防止电气火花、电弧等引燃爆炸物，应选用防爆电气级别和温度组别与环境相适应的防爆电气设备。 ( )

310. 剥线钳是用来剥削小导线头部表面绝缘层的专用工具。 ( )

311. 建筑施工现场临时用电中照明灯具的金属外壳可不接保护零线。 ( )

312. 速度继电器主要用于电动机的反接制动，所以也称为反接制动继电器。 ( )

313. 对于异步电动机，国家标准规定 3 kW 以下的电动机均采用三角形连接。 ( )

314. 二氧化碳灭火器带电灭火只适用于 600 V 以下的线路，对于 10 kV 或者 35 kV 线路，若要带电灭火只能选择干粉灭火器。 ( )

315. 交流接触器在使用时，与熔断器、热继电器等保护电器配合使用就能具备短路保护和过载保护功能。 ( )

316. 对可能发生急性职业损伤的有毒、有害工作场所，用人单位应当设置报警装置，配置现场急救用品、冲洗设备、应急撤离通道和必要的泄险区。 ( )

317. 万用表在测量电阻时，指针指在刻度盘中间最准确。 ( )

318. 断路器可分为框架式和塑料外壳式。 ( )

319. 当发生火灾，火势蔓延时，应立即尽量大声呼喊求救。 ( )

320. 从业人员在作业过程中，应当正确佩戴和使用劳动防护用品，因未佩戴和使用劳动防护用品导致伤害的，不可以认定为工伤。 ( )

321. 使用Ⅲ类工具，必须装设额定漏电动作电流不大于 30 mA、动作不多于 0.1 s 的漏电保护器。 ( )

322. 在架空线路中，用来固定横担、绝缘子、拉线和导线的各种金属连接件称为线路金具。 ( )

323. 触电事故是由电能以电流形式作用人体造成的事故。 ( )

324. 组合开关又称转换开关，一般用于交流 1 200 V、直流 1 500 V 及以下的电气线路中。 ( )

325. 紧凑型荧光灯是镇流器和灯管一体化的电光源，由于灯管造型和结构紧凑而得名。 ( )

326. 对分组补偿低压电容器，应该连接在低压分组母线电源开关的外侧，以防止分组母线开关断开时产生的自激磁现象。 ( )

327. 检查电容器时,只要检查电压是否符合要求即可。 ( )

328. 使用兆欧表测量前不必切断被测设备的电源。 ( )

329. 隔离开关垂直安装时,手柄向上时为分闸状态,手柄向下时为合闸状态。 ( )

330. 雷电按其传播方式可分为直击雷和感应雷两种。 ( )

331. 卤钨灯装在室外,应有防雨措施。 ( )

332. 剩余电流动作保护装置主要用于1 000 V以下的低压系统。 ( )

333. 如果能够十分小心,则可以在认为安全的前提下,在具有火灾、爆炸危险的场所适当吸烟、使用明火。 ( )

334. 人员密集场所发生火灾,该场所的现场工作人员应当立即组织、引导在场人员疏散。 ( )

335. 根据用电性质,电力线路可分为动力线路和配电线路。 ( )

336. 电缆种类很多,在电力系统中用得最多的是电力电缆和控制电缆。 ( )

337. 低压电力电缆敷设时,凡土壤具腐蚀性且未经处理时,不能采用直接埋地敷设方式。 ( )

338. 三相异步电动机的定子主要包括定子铁芯、定子绕组、机座、端盖、罩壳等部件。 ( )

339. 行程开关的作用是将机械行走的长度用电信号传出。 ( )

340. 改变转子电阻调速这种方法只适用于绕线式异步电动机。 ( )

341. 电机运行时发出沉闷声是电机在正常运行的声音。 ( )

342. 安全带使用前必须仔细检查,长短要调节适中,作业时保险扣一定要扣好。 ( )

343. 测量电机的对地绝缘电阻和相间绝缘电阻,常使用兆欧表,而不能使用万用表。 ( )

344. 开关电器触点间因强电场而产生热电子发射,温度升高,在外加电压的作用下,触点间介质被击穿,形成电弧。 ( )

345. 接触器运行维护内容包括打磨触点接触面、检查短路环是否断裂、清擦灭弧罩、做传动试验等。 ( )

346. 手持电动工具有两种分类方式,即按工作电压分类和按防潮程度分类。 ( )

347. 对绕线型异步电动机应经常检查电刷与集电环的接触及电刷的磨损,以及压力、火花等情况。 ( )

348. 高压水银灯是利用高压水银蒸气放电发光的一种气体放电灯。 ( )

349. 装设过负荷保护的配电线路,其绝缘导线的允许载流量应不小于熔断器额定电流的 1.25 倍。 (　　)

350. 异步电动机与其他类型电动机相比较,具有结构简单、制造容易、运行可靠、维护方便、成本较低等优点。 (　　)

351. 当三相交流电变化一周后(即每相经过 360°电角度),其所产生的旋转磁场也正好旋转一周。 (　　)

352. 除独立避雷针之外,在接地电阻满足要求的前提下,防雷接地装置应和其他接地装置共用。 (　　)

353. 电缆外护层代号第一个数字表示外皮层类型,第二个数字表示铠装层类型。 (　　)

354. 相同条件下,交流电比直流电对人体危害较大。 (　　)

355. 自动切换电器是依靠本身参数的变化或外来信号而自动进行工作的。 (　　)

356. 只要多加小心并保持一定的间距,生产、储存、经营易燃易爆危险品的场所可以与居住场所设置在同一建筑物内。 (　　)

357. 电缆与热力管沟交叉时,如果电缆穿石棉水泥管保护,则其长度应伸出热力管沟两侧各 2 m;如果电缆用隔热保护层,则保护层应超过热力管沟和电缆两侧各 1 m。 (　　)

358. 绝缘老化只是一种化学变化。 (　　)

359. 电流的大小用电流表来测量,测量时将其并联在电路中。 (　　)

360. 不论电容器额定电压是多少,在电容器从电网上断开 30 s 后,其端电压应不超过 65 V。 (　　)

361. 三相电度表应按正相序接线,经电流互感器接线极性错误也不影响测量结果。 (　　)

362. 对电击所致的心搏骤停病人实施胸外心脏挤压法,应该每分钟挤压 60~80 次。 (　　)

363. LED 的供电电压一般为 220 V,发光元件密封在环氧树脂内,安全可靠,所以特别适用于公共场所和对供电电压有要求的特殊场所。 (　　)

364. 漏电保护器跳闸,应查明原因并消除漏电缺陷,严禁跨越漏电保护器继续工作。 (　　)

365. 电容器室内要有良好的天然采光。 (　　)

366. 电动式时间继电器的延时时间不受电源电压波动及环境温度变化的影响。 (　　)

367. 刀开关在作隔离开关选用时,要求其额定电流要大于或等于线路实际的

故障电流。 ( )

368. 在纯电阻电路中,只有有功功率,没有无功功率。 ( )

369. 电容器的放电负载不能装设熔断器或开关。 ( )

370. 一般情况下,通过人体的工频电流超过 30~50 mA 时,人的心脏就可能停止跳动,发生昏迷和出现致命的电灼伤。 ( )

371. 为了缩小发生人身电击事故和接地故障引起的停电范围,剩余电流保护装置应采用分级保护。 ( )

372. 电气原理图中的所有元件均按未通电状态或无外力作用时的状态画出。 ( )

373. 正常工作条件下的直接接触触电防护,主要依靠剩余电流保护装置发挥防护的作用。 ( )

374. 仓库的电源开关应该安装在仓库内,以保证库内不工作时不充电。 ( )

375. 如果电容器运行时,检查发现温度过高,应加强通风。 ( )

376. 电压的换算单位 1 kV = 10^9 mV。 ( )

377. 电击对人体的伤害通常要比电伤小。 ( )

378. 荧光灯点亮后,镇流器起降压限流作用。 ( )

379. 工伤职工拒不接受劳动能力鉴定或者拒绝治疗的,停止享受工伤保险待遇。 ( )

380. 企业、事业单位的职工无特种作业操作证从事特种作业,属违章作业。 ( )

381. 一般电动机电路上应有短路、过载、欠压、断相保护。 ( )

382. 在电阻并联的电路中,电路的电流等于各分支电流之和。 ( )

383. 使用脚扣进行登杆作业时,上、下杆的每一步必须使脚扣环完全套入并可靠地扣住电杆,才能移动身体,否则会造成事故。 ( )

384. 在电气原理图中,当触点图形垂直放置时,以左开右闭原则绘制。 ( )

385. 隔离开关和熔断器串联组合成一个单元时,称为熔断器式隔离开关。 ( )

386. 万用表测量电压时是通过改变并联附加电阻的阻值来测量不同电压的量程。 ( )

387. 供电线路装设电抗器的目的是增大短路阻抗,限制短路电流,减小电压波动。 ( )

388. 电工作业人员应根据实际情况遵守有关安全法规、规程和制度。 ( )

389. 目前我国生产的接触器额定电流一般大于或等于 630 A。（　　）

390. 频敏变阻器的等效电阻和等效电抗都随转子电流频率而变，反应灵敏。（　　）

391. 同等电压等级，直流电弧的烧伤较交流电弧烧伤严重。（　　）

392. 电容器室内应有良好的通风。（　　）

393. 使用万用表测量电阻，每换一次欧姆挡都要进行欧姆调零。（　　）

394. 电气设备缺陷，设计不合理，安装不当等都是引发火灾的重要原因。（　　）

395. 不同电压的插座应有明显的区别，不能互用。（　　）

396. 吊灯安装在桌子上方时，与桌子的垂直距离不少于 1.5 m。（　　）

397. 在三相对称电路中，总的有功功率等于线电压、线电流和功率因数三者相乘积的 3 倍。（　　）

398. 每台电容器与母线相连的接线可以直接采用硬母线连接的方式。（　　）

399. 检查电机的辅助设备及安装底座时，应检查熔断器及熔丝是否合格完好。（　　）

400. 电工特种作业目录分为两个项目：高压电工作业和低压电工作业。（　　）

401. 依据《特种作业人员安全技术培训考核管理规定》，已经取得职业高中、技工学校及中专以上学历的毕业生从事与其所学专业相应的特种作业，持学历证明经考核发证机关同意，可以免予所有的安全培训，直接申请考试。（　　）

402. 用人单位应当按时缴纳工伤保险费，由单位和职工个人按照一定比例分摊。（　　）

403. 进户钢管或硬塑料管不应有裂缝或轧伤现象，户外一端必须有防雨弯头。（　　）

404. 防雷装置的引下线应满足足够的机械强度、耐腐蚀和热稳定的要求，如用钢绞线，其截面不得小于 35 mm^2。（　　）

405. 生产经营单位必须为从业人员提供符合国家标准或者行业标准的劳动防护用品，并监督、教育从业人员按照使用规则佩戴、使用。（　　）

406. 胶壳开关适合用于直接控制 5.5 kW 以上的交流电动机。（　　）

407. 导体的电阻大小与温度变化无关，在不同温度时，同一导体的电阻相同。（　　）

408. 并联电容器有减少电压损失的作用。（　　）

409. 接了漏电开关之后，设备外壳就不需要再接地或接零了。（　　）

410. 常用的开启式负荷开关可水平安装也可垂直安装。 ( )

411. 施工现场大型照明灯应将直射光线射入空中。 ( )

412. 当两个物体相互靠近时,同性带电物体互相吸引,异性带电物体相互排斥。 ( )

413. 旋转电器设备着火时可以用干粉灭火器灭火。 ( )

414. 依据《中华人民共和国安全生产法》,任何单位和个人不得阻挠和干涉对事故的依法调查处理。 ( )

415. 架空电力线路检修中,在拆除接地线后即应认为线路有电,检修人员不得再登杆。 ( )

416. 当人员需要接触漏电设备时,为防止接触电压触电,应戴上绝缘手套,穿上绝缘鞋。 ( )

417. 电缆隧道内应有照明,其电压应采用工频电压。 ( )

418. 热继电器是利用双金属片受热弯曲而推动触点动作的一种保护电器,它主要用于线路的速断保护。 ( )

419. 荧光灯的电子镇流器可使荧光灯获得高频交流电。 ( )

420. 合理的规章制度是保障安全生产的有效措施,工矿企业等单位有条件的应该建立适合本单位情况的安全生产规章制度。 ( )

421. 转子串频敏变阻器启动时,转速很低,转子频率很小。 ( )

422. 张某在生产、作业过程中违反安全生产管理制度,导致发生机械伤害事故,虽然造成 3 人重伤,但无人死亡;依据刑法及有关规定,张某不会被追究刑事责任。 ( )

423. 高压水银灯的电压比较高,所以称为高压水银灯。 ( )

424. 交流接触器带有灭弧装置,因此能通断负荷电流和短路电流。 ( )

425. 在保证一定大小的启动转矩前提下,电动机的启动电流应尽量大。 ( )

426. 低压断路器是一种重要的控制和保护电器,断路器都装有灭弧装置,因此可以安全地带负荷合、分闸。 ( )

427. 时间继电器的文字符号为 JY。 ( )

428. 万用表使用后,转换开关可置于任意位置。 ( )

429. 为适应各种电压等级的要求,在电容器内部电容元件可接成串联或并联。 ( )

430. 通电时间增加,人体电阻因出汗而增加,导致通过人体的电流减小。 ( )

431. 在断电之后,电动机停转,当电网再次来电时,电动机能自行启动的运行

方式称为失压保护。 (　　)

432. 万能转换开关的定位结构一般采用滚轮卡转轴辐射型结构。 (　　)

433. 对停止按钮而言,按下按钮帽时触点闭合,松开后触点自动断开复位。 (　　)

434. 在安全色标中用红色表示禁止、停止或消防。 (　　)

435. 制定《安全生产法》的目的,是为了推动经济加速发展,有利于防止和减少安全生产事故,保障人民生命和财产安全。 (　　)

436. 电子镇流器的功率因数高于电感式镇流器。 (　　)

437. 电磁起动器起动按钮上并联的动合辅助触点在按钮松开后使控制电路仍能接通,保持电动机的连续运行,通常将这种作用称为机械闭锁或接触器闭锁。 (　　)

438. 熔断器在所有电路中,都能起到过载保护。 (　　)

439. 脱离电源后,触电者神志清醒,应让触电者来回走动,加强血液循环。 (　　)

440. 组合开关具有体积小、触点数量多、接线方式灵活、操作方便等优点。 (　　)

441. 露天照明装置应采用防水器材。 (　　)

442. 电动机的短路试验是给电机施加 35 V 左右的电压。 (　　)

443. 通过与磁场方向平行的某一面积上的磁力线总线,称为通过该面积的磁通。 (　　)

444. 人体能够感觉,但不遭受伤害的电流称为摆脱电流。 (　　)

445. 为了安全,更换熔断器时,最好断开负载。 (　　)

446. 自动开关属于手动电器。 (　　)

447. 3~10 kV 架空电力线路导线与地面之间在交通困难地区的最小距离为 4.5 m。 (　　)

448. 电力线路杆塔按结构材料不同,可分为木结构、钢筋混凝土结构、金属结构等杆塔。 (　　)

449. 遮拦是为防止工作人员无意碰到设备带电部分而装设的屏护,分临时遮拦和常设遮拦两种。 (　　)

450. 接地电阻测试仪只能测量线路的绝缘电阻。 (　　)

451. 移动式电气设备的电源线单相用三芯电缆,三相用四芯电缆。 (　　)

452. 在供配电系统和设备自动系统中,刀开关通常用于电源隔离。 (　　)

453. 日常电气设备的维护和保养应由设备管理人员负责。 (　　)

454. 异步电动机的“异步”就是指电动机转速 n 与旋转磁场转速 n_1 之间存在

着差异,两者的步调不一致。 (　　)

455. 如果熔断器的额定电压低于其工作电压,熔体熔断时可能产生危险过电压。 (　　)

456. 在潮湿和易触及带电体场所的照明电源电压,应不大于 36 V。 (　　)

457. 熔断器的特性,是通过熔体的电压值越高,熔断时间越短。 (　　)

458. 根据熔断器的保护特性可知,熔体通过的电流越大,熔化时间越长。 (　　)

459. 职工在工作时间和工作岗位,突发疾病死亡或者在 72 小时之内经抢救无效死亡的,视同工伤。 (　　)

460. 一般情况下,接地电网的单相触电比不接地电网的危险性小。 (　　)

461. 路灯的各回路应有保护,每一灯具宜设单独熔断器。 (　　)

462. 按供电电源的分类,异步电动机可分为三相异步电动机和单相异步电动机两大类。 (　　)

463. 依据当前的相关政策,特种作业人员初次取证时应提交本人的体检证明,复审和延期换证时由个人提供健康书面承诺即可。 (　　)

464. 有电流流过的转子导体将在旋转磁场中受电磁力 F 的作用,其方向可用左手定则判定。 (　　)

465. 交流接触器常见的额定最高工作电压达到 6 000 V。 (　　)

466. 当低压电气设备发生火灾时,首先应迅速切断电源。在无法切断电源的情况下,应迅速选择干粉、二氧化碳等不导电的灭火器材进行灭火。 (　　)

467. 多用螺钉旋具的规格是以它的全长(手柄加旋杆)表示。 (　　)

468. 电压表在测量时,量程要大于或等于被测线路电压。 (　　)

469. 违反消防管理法规,经消防监督机构通知采取改正措施而拒绝执行,造成严重后果的,对直接责任人员,处三年以下有期徒刑或者拘役。 (　　)

470. 常用的主令电器有按钮、行程开关、交流接触器、热继电器等。 (　　)

471. 电压表内阻越大越好。 (　　)

472. Ⅲ类移动式电气设备在外壳上没有接地端子,但在内部有接地端子,自设备内引出带有保护插头的电源线。 (　　)

473. 为改善电动机的启动及运行性能,笼形异步电动机转子铁芯一般采用直槽结构。 (　　)

474. 任何单位、个人不得损坏、挪用或者擅自拆除、停用消防设施、器材,不得埋压、圈占、遮挡消火栓或者占用防火间距,不得占用、堵塞、封闭疏散通道、安全出口、消防车通道。 (　　)

475. 为保证零线安全,三相四线的零线必须加装熔断器。 (　　)

476. 当电源内阻为零时，电源端电压等于电源电动势。（　）

477. Ⅲ类电动工具的工作电压不超过 50 V。（　）

478. 电容器室的防火等级不低于二级。（　）

479. 铜线与铝线在需要时可以直接连接。（　）

480. 电流表的内阻越小越好。（　）

481. 断路器在选用时，要求线路末端单相对地短路电流要大于或等于 1.25 倍断路器的瞬时脱扣器整定电流。（　）

482. 导线连接时必须注意做好防腐措施。（　）

483. 交流电流表和电压表测量所测得的值都是有效值。（　）

484. 所有的电桥均是测量直流电阻的。（　）

485. 判断导体内的感应电动势的方向时，应使用左手定则。（　）

486. 可以用相线、碰地线的方法检查地线是否接地良好。（　）

487. 任何人发现火灾时，都应当立即报警。（　）

488. 低压配电屏是按一定的接线方案将有关低压一、二次设备组装起来，每一个主电路方案对应一个或多个辅助方案，从而简化了工程设计。（　）

489. 手持式电动工具接线可以随意加长。（　）

490. 漏电开关跳闸后，允许采用分路停电再送电的方式检查线路。（　）

491. 接地装置中的接地线是埋在地下与土壤直接接触的金属导体。（　）

492. 剩余电流保护装置中的电流互感器是检测元件。（　）

493. 低压电器的额定工作电压指电器长期工作承受的最高电压。（　）

494. 用钳形电流表测量电动机空转电流时，不需要挡位变换可直接进行测量。（　）

495. Ⅱ类设备和Ⅲ类设备都要采取接地或接零措施。（　）

496. 容量大于 3.0 kW 的动力电路应采用断路器控制，操作频繁时还应附设接触器或其他启动控制装置。（　）

497. 电容器发生对地绝缘击穿，电容器的损失角正切值增大，箱壳膨胀及开路等故障，可自行修理。（　）

498. 使用万用表电阻挡能够精确测量变压器的线圈电阻。（　）

499. 当电动机在运行中出现不正常的现象时，要及时切断电动机的电源，以免故障扩大。（　）

500. 静电现象是很普遍的电现象，其危害很大，固体静电可达 200 kV 以上，人体静电也可达 10 kV 以上。（　）

501. 为了有明显区别，并列安装的同型号开关应不同高度，错落有致。（　）

502. 对于在易燃、易爆、易灼烧及有静电发生的场所,不应使用化纤防护用品。 ( )

503. 用万用表 $R\times1$ kΩ 欧姆挡测量二极管时,红表笔接一只脚,黑表笔接另一只脚测得的电阻值约为几百欧姆,反向测量时电阻值很大,则该二极管是好的。 ( )

504. 绝缘体被击穿时的电压称为击穿电压。 ( )

505. 雷电可通过其他带电体或直接对人体放电,使人的身体遭到巨大的伤害直至死亡。 ( )

506. 电工钳、电工刀、螺丝刀是常用电工基本工具。 ( )

507. 主令电器用于接通或断开配电线路。 ( )

508. 两个电阻并联,其等效电阻比其中任何一个电阻都大。 ( )

509. 中间继电器实际上是一种动作与释放值可调节的电压继电器。 ( )

510. 开启式负荷开关适合应用于一般的照明电路和 5.5 kW 以下电动机控制电路中。 ( )

511. TN-C-S 系统是干线部分保护零线与工作零线完全共用的系统。( )

512. 在电气施工中,必须遵守国家有关安全的规章制度,安装电气线路时应根据实际情况以方便使用者的原则来安装。 ( )

513. 雷电后造成架空线路产生高电压冲击波,这种雷电称为直击雷。 ( )

514. 定子是指电动机的旋转部分。 ( )

515. 选用常用的电烙铁规格有 25 W、50 W、75 W、100 W 等。 ( )

516. 在选择导线时必须考虑线路投资,但导线截面积不能太小。 ( )

517. 低压集中补偿的低压电容器组,应专设开关并装在线路总开关的外侧,而不要装在低压母线上。 ( )

518. 用钳表测量电流时,尽量将导线置于钳口铁芯中间,以减少测量误差。 ( )

519. 摇测大容量设备吸收比是测量(60 s)时的绝缘电阻与(15 s)时的绝缘电阻之比。 ( )

520. 使用手持式电动工具应当检查电源开关是否失灵、是否破损、是否牢固、接线是否松动。 ( )

521. 生产经营单位未制定生产安全事故应急救援预案、未定期组织应急救援预案演练、未对从业人员进行应急教育和培训,生产经营单位的主要负责人在本单位发生生产安全事故时不立即组织抢救的,由县级以上人民政府负有安全生产监督管理职责的部门依照《中华人民共和国安全生产法》有关规定追究法律责任。 ( )

522. 缠绕管应具有良好的耐高低温、耐油、抗紫外线、抗静电、抗冲击、抗拉伸等性能。 ( )

523. 发展决不能以牺牲安全为代价,这必须作为一条不可逾越的红线。 ( )

524. 电缆保护管的内径尺寸应等于电缆外径尺寸。 ( )

525. 用人单位与劳动者订立劳动合同时,应当将工作过程中可能产生的职业病危害及其后果职业病防护措施和待遇等如实告知劳动者,并在劳动合同中写明,不得隐瞒或者欺骗。 ( )

526. 三相异步电动机降压启动一般适用于电动机空载或轻载启动。 ( )

527. 移动式电气设备可以参考手持电动工具的有关要求进行使用。 ( )

528. 移动式电气设备必须设专人维护保养及操作。 ( )

529. 在生产作业中违反有关安全管理的规定,因而发生重大伤亡事故或者造成其他严重后果的,对负有组织指挥或者管理职责的负责人管理人员追究刑事责任,但基层员工可以不必担责。 ( )

530. 在特殊环境如湿热、雨雪以及存在爆炸性或腐蚀性气体的场所,使用的移动式电气设备必须符合相应防护等级的安全技术要求。 ( )

531. HK系列隔离开关适用于工业企业配电网中不频繁操作的场所,作为电气设备及线路的过载或短路保护设备。 ( )

532. 为了便于区别避免误操作,规定启动按钮为绿色,停止按钮为红色。 ( )

533. 流过导体单位截面积的电流称为电流密度,其单位为 A/mm^2。 ( )

534. 在扑救带电火灾时,如果用喷雾水枪应将水枪喷嘴接地,并穿上绝缘靴和戴上绝缘手套,才可进行灭火操作。 ( )

535. 从业人员发现直接危及人身安全的紧急情况时,必须经管理人员同意才能停止作业,不得擅自采取可能的应急措施后撤离作业场所。 ( )

536. 县级以上地方人民政府应当按照国家有关规定,对在生产安全事故应急救援中伤亡的人员及时给予救治和抚恤;符合烈士评定条件的,按照国家有关规定评定为烈士。 ( )

537. 在电阻串联的电路中,流过电路的总电流等于各串联电阻上电流之和。 ( )

538. 在生产作业中违反有关安全管理的规定,因而发生重大伤亡事故或者造成其他严重后果,情节特别恶劣的,处三年以下有期徒刑或者拘役。 ( )

539. 部分电路欧姆定律表明,当电阻一定时,通过电阻的电流与电阻两端的电压成正比。 ( )

540. 屋外电容器一般采用台架安装。( )

541. 速度继电器由定子、转子、触点、同步电机等部分组成。( )

542. “无功”的含义是“交换”的意思,而不是“消耗”或“无用”,是相对“有功”而言的。( )

543. 行程开关作用与按钮相同,不同的是行程开关不是采用手动操作。( )

544. 装有灭弧罩的隔离开关具有一定的灭弧能力,可以切断负荷电流和一般故障电流。( )

545. 单相异步电动机的体积虽然较同容量的三相异步电动机大,但功率因数效率和过载能力都比同容量的三相异步电动机高。( )

546. 更换熔体时,原则上新熔体与旧熔体的规格相同。( )

547. 为加强防盗工作,企业可以对人员密集场所的窗户加设封闭式防盗窗。( )

548. 依据《突发事件应对法》,突发事件应对工作实行预防为主防治结合的原则。( )

549. 用小磁针做实验,小磁针转动静止后指北的一端叫 S 极。( )

550. 若从业人员自愿与生产经营单位订立协议,则可免除或者减轻其对从业人员因生产安全事故伤亡依法应承担的责任。( )

551. 建筑施工现场临时用电中照明变压器严禁使用自耦变压器。( )

552. 应对每个单台电容器设置熔断器保护,要求熔丝的额定电流不得大于被保护电容器额定电流的 1.3 倍,这样可避免某台电容器发生故障时,因得不到及时切除而引起群爆事故的发生。( )

553. 用人单位对从事接触职业病危害作业的劳动者,应当给予适当岗位津贴。( )

554. 电机在检修后,经各项检查合格,即可对电机进行空载试验和短路试验。( )

555. 由于异步电动机的转子绕组并不直接与电源相接,而是依据电磁感应来产生电动势和电流,获得电磁转矩而旋转,因此又称感应电动机。( )

556. 生产经营单位的从业人员有依法获得安全生产保障的义务,并适当地行使安全生产方面的权利。( )

557. 一般情况下,经过培训人员的触电事故发生率要少于未经过培训人员的触电事故发生率。( )

558. 移动式电气设备的性能与现场使用条件无关。( )

559. 只有用人单位才有权对违反《中华人民共和国职业病防治法》的行为进

行检举和控告,有关部门收到相关的检举和控告后,应当及时处理。（　）

560. 电动式时间继电器由同步电机、传动机构、离合器、凸轮、触点、调节旋钮等部件组成。（　）

561. 发生火灾时若无法通过安全出口撤离,可利用建筑物阳台避难层缓降器应急逃生绳等逃生,也可将被单、台布结成牢固的绳索,牢系在窗栏上,顺绳滑至安全楼层。（　）

562. 常用的主令电器有按钮、行程开关、交流接触器、热继电器等。（　）

563. 各级党委和政府要牢固树立安全发展理念,坚持人民利益至上,始终把安全生产放在首要位置,切实维护人民群众生命财产安全。（　）

564. 热缩管可以起到一定的绝缘作用。（　）

565. 生产经营单位的普通从业人员,无权了解其作业场所和工作岗位存在的危险因素防范措施及事故应急措施,也不必要对本单位的安全生产工作提出建议。（　）

566. "人民至上,生命至上",充分体现了强烈的历史担当与深厚的人民情怀。（　）

567. 电路中电流大小可以用电流表进行测量,测量时是将电流表并联在电路中。（　）

568. 以暴力威胁或者限制人身自由的方法强迫他人劳动的行为,违反《刑法》有关规定。（　）

569.《工伤保险条例》规定,用人单位应当将参加工伤保险的有关情况在本单位内公示。（　）

570. 在生产作业中违反有关安全管理的规定,因而发生重大伤亡事故或者造成其他严重后果的,处三年以下有期徒刑或者拘役;情节特别恶劣的,处三年以上七年以下有期徒刑。（　）

571. 安全生产是管理者的责任,生产经营单位的普通从业人员,不必要对本单位的安全生产工作提出意见或建议。（　）

572. 当有异物进入眼内时,应及时用手揉眼,把异物揉出来。（　）

573. 生产经营单位应当具备《安全生产法》和有关法律行政法规和国家标准或者行业标准规定的安全生产条件;不具备安全生产条件的,不得从事生产经营活动。（　）

574. 发生火灾时,基本的正确应变措施是发出警报,疏散,在安全情况下设法扑救。（　）

575. 作业过程中应保证身体健康,精神饱满,思想集中,避免发生触电。（　）

576. 电流分交流电流和直流电流两大类。 ( )

577. 输变电工程、调度通信自动化工程等电网配套工程和环境保护工程应当与发电工程项目同时设计、同时建设、同时投入使用。 ( )

578. 热继电器的双金属片是由一种热膨胀系数不同的金属材料碾压而成。 ( )

579. 在电路中,将两个及以上的电阻的一端全部连接在一点,而另一端全部连接在另一点,这样的连接称为电阻的并联。 ( )

580. 电路短路状态是指电流不能构成通路。 ( )

581. 剩余电流保护器动作后,经检查未发现事故原因,试送电后再次动作,则应查明原因找出故障,不得连续强行送电。 ( )

582. 导电性能介于导体和绝缘体之间的物体称为半导体。 ( )

583. 移动电气设备可以参考手持电动工具的有关要求进行使用。 ( )

584. 使用灭火器扑灭初起火灾时要对准火焰的中部喷射。 ( )

585. 线圈自身电流变化在线圈中产生的感应电动势称为自感电动势。 ( )

586. 李某在江苏省取得《特种作业操作证》,到浙江省从事同一工种作业,依据《特种作业人员安全技术培训考核管理规定》,李某应重新参加培训,经考核再次取证,方可上岗作业。 ( )

587. 当电容器内部设有放电电阻时,电容器组可不设放电装置。 ( )

588. 连接器应具备耐温耐湿等性能。 ( )

589. 电气线路故障可能导致触电、火灾、停电等多种事故。 ( )

590. 基本安全用具是指绝缘安全用具中,绝缘强度能长时间承受电气设备的工作电压,能直接用来操作电气设备的用具。 ( )

591. 相线与中性线(或零线)间的电压称为相电压。 ( )

592. 以安全电压供电的灯具称为Ⅲ类灯具。 ( )

593. 吸收比是用兆欧表测定。 ( )

594. 隔离开关的作用是承担接通和断开电流任务,将电路与电源隔开。 ( )

595. 接触器的主要控制对象是电动机,也可用于控制电热设备、电容器组等。 ( )

596. 电容器组断路器跳闸后可以强送电。 ( )

597. 在实际电路中常以大地作为公共参考点。 ( )

598. 按钮的测试主要集中在触点的通断是否可靠,一般采用万用表的欧姆挡。 ( )

599. 生产经营单位的特种作业人员必须按照国家有关规定经专门的安全作业培训,取得相应资格,方可上岗作业。　(　　)

600. 选用低压断路器时,应考虑线路末端单相接地短路电流不小于 1.25 倍断路器脱扣器的整定电流。　(　　)

601. 当生产安全事故发生后,有关职责部门的负责人应立即赶到事故现场,组织事故抢救。任何单位和个人都应当支持配合事故抢救,并提供一切便利条件。　(　　)

602. 交流发电机是应用电磁感应的原理发电的。　(　　)

603. 一号电工刀比二号电工刀的刀柄长度短。　(　　)

604. RCD 的额定动作电流是指能使 RCD 动作的最大电流。　(　　)

605. 电缆保护层的作用是保护电缆。　(　　)

606. 三相交流电路的功率和单相交流电路的功率一样,都有有功功率无功功率和视在功率之分。　(　　)

607. 雷雨天气,即使在室内也不要修理家中的电气线路、开关、插座等。如果一定要修,要把家中电源总开关拉开。　(　　)

608. 右手定则是判定直导体做切割磁力线运动时所产生的感生电流方向。　(　　)

609. 电力线路敷设时严禁采用突然剪断导线的办法松线。　(　　)

610. 螺丝刀使用时要自然拿直,使刀头紧贴螺丝头缺口。　(　　)

611. 测量交流电路的有功电能时,因是交流电,故其电压线圈、电流线圈和两个端可任意接在线路上。　(　　)

612. 发生火灾时,如各种逃生的路线均被切断,适当的做法应当是退居室内,关闭门窗,同时可向室外发出求救信号。　(　　)

613. 摇测大容量设备吸收比是测量(60 s)时的绝缘电阻与(15 s)时的绝缘电阻之比。　(　　)

614. 开启式负荷开关接线时,用电设备应接在开关上部的出线端,电源线接在开关下部的进线端。　(　　)

615. 通电的时间越长,灯泡消耗的电能越少,电流所做的功也就越大。　(　　)

616. 白炽灯泡比荧光灯发光效率低。　(　　)

617. 电解电容器的电工符号如图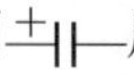所示。　(　　)

618. 使用竹梯作业时,梯子放置与地面以 50°左右为宜。　(　　)

619. 测量电机的对地绝缘电阻和相间绝缘电阻,常使用兆欧表,而不宜使用万用表。　(　　)

620. 在我国,超高压送电线路基本上是架空敷设。 (　　)

621. 使用改变磁极对数来调速的电机一般都是绕线式电动机。 (　　)

622. 低压断路器用作电源总开关时,在负荷侧应加装隔离开关,以形成明显断开点,保证检修安全。 (　　)

623. 欧姆定律是反映电路中电流电压电位三者之间关系的定律。 (　　)

624. 交流接触器的辅助触点当电磁线圈得电时,动合触点先闭合,动断触点再断开。 (　　)

625. 擅自进入生产、储存易燃易爆危险品场所,因违反了消防安全规定,最高将被处以五百元以下罚款,但不会被拘留。 (　　)

626. 频率为 50 Hz 的交流电,其周期是 0. 02 s。 (　　)

627. 低压断路器的灭弧性能很强,能够切断比额定电流大几倍甚至几十倍的短路电流。 (　　)

628. 自动切换电器是依靠外力(如人力)操作,完成电路的接通或分断等操作,如接触器继电器等。 (　　)

629. 因生产安全事故受到损害的从业人员,依法享有工伤保险后,不得再提出赔偿要求。 (　　)

630. 生产经营单位进行爆破、吊装、动火、临时用电以及国务院应急管理部门会同国务院有关部门规定的其他危险作业,应当安排专门人员进行现场安全管理,确保操作规程的遵守和安全措施的落实。 (　　)

631. 任何单位或者个人发现事故隐患或者安全生产违法行为,均有权向负有安全生产监督管理职责的部门报告或举报。 (　　)

632. 交流接触器的铁芯上套有一个铜制的短路环,是为了提高铁芯的磁通量,增强铁芯的吸合力。 (　　)

633. 磁铁两端磁性最强的区域称为磁极。 (　　)

634. 生产经营场所和员工宿舍应当设有符合紧急疏散要求、标识明显、保持畅通的出口、疏散通道。禁止占用、锁闭、封堵生产经营场所或者员工宿舍的出口、疏散通道。 (　　)

635. HDHS 刀形隔离开关适用于交流 50 Hz 额定电压至交流 380 V 直流 440 V,额定电流可达 2 500 A 的成套配电装置中。 (　　)

636. 雷雨天气,即使在室内也不要修理家中的电气线路开关插座等。

(　　)

637. 电弧灼伤是电流的热效应造成的伤害。 (　　)

638. 某企业职工工作日午休时饮酒,因醉酒导致下午上班期间在车间发生事故并受到伤害,依据《工伤保险条例》,该情形不得认定为工伤。 (　　)

639. 电阻的单位是欧[姆],符号表示为 Ω。（　　）

640. 建筑施工现场临时用电中办公区、生活区、料场、宿舍需安装临时灯时,照明灯具的控制开关,应控制在相线上。（　　）

641. 依据《工贸企业重大事故隐患判定标准》(中华人民共和国应急管理部令第 10 号),特种作业人员无证上岗的被判定为重大事故隐患。（　　）

642. 从业人员发现事故隐患或者其他不安全因素,应当立即向现场安全生产管理人员或者本单位负责人报告;接到报告的人员应当及时予以处理。（　　）

643. LED 电光源和传统照明电光源相比,其特点为安全节能寿命长显色性好和价格低廉。（　　）

644. 电路是为了某种需要,将电气设备和电器元件按一定方式连接起来的电流通路。（　　）

645. 时间继电器的文字符号为 KM。（　　）

646. 保护接零是指低压配电系统中将电气设备外露可导电部分与供电变压器的零线直接相连接。（　　）

647. 视在功率 S 常用来表征设备的额定容量,并标在铭牌上。（　　）

648. 依据《特种作业人员安全技术培训考核管理规定》,具备安全培训条件的生产经营单位可以自主开展特种作业人员安全技术培训。（　　）

649. 一般防护安全用具有携带型接地线、临时遮拦、绝缘垫、绝缘手套、标识牌、防护目镜等。（　　）

650. 要定期检修电动机,清扫内部,更换润滑油等。（　　）

651. 生产经营单位使用被派遣劳动者的,被派遣劳动者享有《安全生产法》规定的从业人员的权利,并应当履行《安全生产法》规定的从业人员的义务。（　　）

652. 依据《中华人民共和国消防法》,对因参加扑救火灾或者应急救援受伤、致残或者死亡的人员,按照国家有关规定给予医疗抚恤。（　　）

653. 低压电网采用绝缘导线代替裸导线,可以大幅提高安全供电的可靠性。（　　）

654. 重复接地,是指将变压器零线(三相四线制供电系统中的零干线)多点接地。（　　）

655. 生产经营单位应当针对本单位可能发生的生产安全事故的特点和危害,进行风险辨识和评估,制定相应的生产安全事故应急救援预案,并向本单位从业人员公布。（　　）

656. 并联电容器应定期停电检查,每年至少 1 次,主要检查电容器壳体瓷套管安装支架等部位是否有积尘等污物存在,并进行认真清扫。（　　）

657. 配电装置按电气设备安装地点不同分为户内和户外配电装置。 ( )

658. 几个不等值的电阻串联,每个电阻中通过的电流不相等。 ( )

659. 线圈中通过的电流越小,在其周围产生的磁场强度就越强。 ( )

660. 电源是将其他形式的能量转换为电能的装置。 ( )

661. 右手螺旋定则可以用已知电流方向来判断他所产生的磁场方向,也可以用已知磁场的方向来判断产生磁场的电流方向。 ( )

662. 概率为 50% 时,成年男性的平均感知电流值约为 1.1 mA,最小为 0.5 mA,成年女性约为 0.6 mA。 ( )

663. 磁感应强度 B 是用来描述磁场的强弱和方向的物理量。 ( )

664. 要定期测量电动机的绝缘电阻,特别是电动机受潮时,若发现绝缘电阻过低,要及时进行干燥处理。 ( )

665. SELV 只作为接地系统的电击保护。 ( )

666. 在生产作业中违反有关安全管理的规定,因存在重大事故隐患被依法责令停产、停业、停止施工、停止使用有关设备设施场所或者立即采取排除危险的整改措施,而拒不执行的,具有发生重大伤亡事故或者其他严重后果的现实危险的,处一年以下有期徒刑拘役或者管制。 ( )

667. 交流滤波电容器与滤波电抗器组成滤波回路,滤除系统谐波。 ( )

668. 熔体的额定电流不可大于熔断器的额定电流。 ( )

669. 主令电器是小电流开关,一般没有灭弧装置。 ( )

670. 特种作业人员必须年满 20 周岁,且不超过国家法定退休年龄。 ( )

671. 熔体是熔断器的核心部件,一般由铅、铅锡合金、锌、铝、铜等金属材料制成。 ( )

672. 使用改变磁极对数来调速的电机一般都是绕线型转子电动机。 ( )

673. 对新安装或久未使用过的三相异步电动机,在通电使用前不需要进行检查工作,就可以直接使用。 ( )

674. 防护电容器用于 1 kV 以下系统,削弱系统的过电压。 ( )

675. 在电路中,电阻的连接方法主要有串联、并联和混联。 ( )

676. 用避雷针、避雷带是防止雷电破坏电力设备的主要措施。 ( )

677. 电流通过人体,对人的危害程度与通过人体的途径有密切关系。 ( )

678. 通过电容器的电流,不仅与电源电压有关,而且与频率有关。 ( )

679. 电路发生短路时,电路中的电流将比正常工作时大很多倍。 ( )

680. 用户用电不得危害供电、用电安全,不得扰乱供电用电秩序。 ( )

681. 接线端头用在导线的剥皮金属部位。 ( )

682. 几个电阻并联后的总电阻等于各并联电阻的倒数之和。（　　）

683. 电路中某点的电位是该点与参考点之间的电位差。（　　）

684. 剩余电流保护装置功能不同时，执行元件相同。（　　）

685. 罩壳是电动机有孔的外壳之一，与电动机风扇相连，主要起到通风散热保护电动机风扇等内部零件的作用。（　　）

686. 电感性负载并联电容器后，电压和电流之间的电角度会减小。（　　）

687. 机关学校企业住宅等建筑物内的插座回路不需要安装漏电保护装置。（　　）

688. LED 光的强弱与电流有关。（　　）

689. 试验对地电压为 50 V 以上的带电设备时，氖泡式低压验电器就应显示有电。（　　）

690. 熔体的额定电流不能大于熔断器的额定电流。（　　）

691. 三相交流对称电路中，若采用星形接线，则线电压等于相电压。（　　）

692. 一号电工刀比二号电工刀的刀柄长。（　　）

693. 缠绕管应具有良好的耐高低温、耐油、抗紫外线、抗静电抗冲击、抗拉伸等性能。（　　）

694. 接触器用于就地频繁地接通或断开交直流主电路及小容量控制电路。（　　）

695. 低压架空线路绝缘子，是用来固定导线，并使导线与导线之间、导线与横担之间、导线与电杆之间保持绝缘。（　　）

696. 同等条件下，线圈匝数越多，线圈电感越小。（　　）

697. 改革开放前我国强调以铝代铜作导线，以减轻导线的重量。（　　）

698. 在电阻串联的电路中，电路的总电阻等于各串联电阻之和。（　　）

699. 异步电动机转子串频敏变阻器启动的转矩大，适合重载启动。（　　）

700. 接触器的文字符号为 KT。（　　）

701. 时间继电器按动作原理可分为电压式和电流式。（　　）

702. 照明开关种类很多，选择时仅考虑美观即可。（　　）

703. 开启式负荷开关用于电动机控制电路时，其额定电流应不小于电动机额定电流。（　　）

704. 卤钨灯、太阳灯等特殊照明设备，应单独分路供电，不得装在有易燃、易爆物品的场所。（　　）

705. 生产经营单位应当在有较大危险因素的生产经营场所和有关设施、设备上，设置明显的安全警示标识。同时，必须对安全设备进行经常性维护、保养，并定期检测，保证正常运转。（　　）

706. 低压隔离开关的主要作用是隔离电源,保证检修人员的人身安全。
( )

707. 赵某初中毕业后就业,在平时的工作中自学了很多电工方面的技术知识,打算申领电工作业《特种作业操作证》,依据《特种作业人员安全技术培训考核管理规定》,赵某可以不参加相应的安全培训,直接申请考试。 ( )

708. 万能转换开关操作时,手柄带动转轴和凸轮一起旋转,凸轮推动触点接通或断开。 ( )

709. 安全生产设施或者安全生产条件不符合国家规定,因而发生重大伤亡事故或者造成其他严重后果的,对直接负责的主管人员和其他直接责任人员,处三年以下有期徒刑或者拘役;情节特别恶劣的,处三年以上七年以下有期徒刑。
( )

710. 电缆的吸收比可以用兆欧表测定。 ( )

711. 剩余电流保护器的额定动作电流是指能使剩余电流保护器动作的最大电流。 ( )

712. 通过电磁感应现象可以知道,线圈中磁通变化越快,感应电动势越小。
( )

713. 在低压电网中安装剩余电流保护装置是防止人身触电电气火灾及电气设备损坏的一种有效的防护措施。 ( )

714. 除电器及导线的基本绝缘外,加设辅助绝缘(即双重绝缘)的灯具称为Ⅱ类灯具。 ( )

715. 在电阻串联的电路中,电路的总功率等于各串联电阻的功率之和。
( )

716. 铁壳开关可用于不频繁启动 28 kW 以下的三相异步电动机。 ( )

717. 属于Ⅰ类的移动式电气设备及手持式电动工具,可不安装剩余电流保护装置。 ( )

718. 滤波电容器主要用于滤除谐波,不具有无功补偿的作用。 ( )

719. 生产经营单位发生生产安全事故后,事故现场有关人员应当立即报告本单位负责人,但不可以直接向当地负有安全生产监督管理职责的部门报告。
( )

720. 测试对地电压为 50 V 以上的带电设备时,氖泡式低压验电器就应显示有电。 ( )

721. 依据《生产安全事故报告和调查处理条例》,事故发生后,事故现场有关人员应当立即向应急管理部门报告。 ( )

722. 在 TN-CTN-C-S 系统的中性线上应装设熔断器。 ( )

723. 低压架空线路发生故障后线路断路器跳闸，此时应进行事故巡视。 （ ）

724. 在安全事故发生后，负有报告职责的人员不报或者谎报事故情况，贻误事故抢救，情节严重的，将被处以罚款或拘留。 （ ）

725. 因工外出期间，由于工作原因受到伤害或者发生事故下落不明的，应当及时治疗及查找，但不能认定为工伤。 （ ）

726. 启动是指电动机通电后转速从零开始逐渐加速到正常运转的过程。 （ ）

727. 县级以上各级人民政府及其有关部门对报告重大事故隐患或者举报安全生产违法行为的有功人员，给予奖励。 （ ）

728. 依据《特种作业人员安全技术培训考核管理规定》，特种作业人员取得特种作业操作证后，定期复审或者延期复审不需要再参加安全培训，可直接申请考试。 （ ）

729. 热继电器在对电机进行过载保护时，应具备电压值可调的能力。 （ ）

730. 在任何情况下，最大额定工作电压不应超过额定绝缘电压。 （ ）

731. 剩余电流保护器负荷侧的中性线可以接地。 （ ）

732. 照明开关安装在多尘潮湿场所和户外应使用防水瓷质拉线开关或加装保护箱。 （ ）

733. 熔断器的额定电流是指在一般环境温度（不超过 40 ℃）下，熔断器外壳和载流部分长期允许通过的最大工作电流。 （ ）

734. 移动式电气设备应有独立接地体。 （ ）

735. 磁力线是闭合曲线。 （ ）

736. 生产经营单位不得因从业人员对本单位安全生产工作提出批评、检举、控告或者拒绝违章指挥、强令冒险作业而降低其工资、福利等待遇或者解除与其订立的劳动合同。 （ ）

737.《生产安全事故报告和调查处理条例》规定，事故发生后，事故现场有关人员应当立即向本单位负责人报告。 （ ）

738. 承担职业病诊断的医疗卫生机构因设备或其他问题，可拒绝劳动者进行职业病诊断的要求。 （ ）

739. 依据《中华人民共和国消防法》，因施工等特殊情况需要使用明火作业的，应当按照规定事先办理审批手续，采取相应的消防安全措施；作业人员应当遵守消防安全规定。 （ ）

740. 手持式电动工具其电源线易受到拖拉磨损等使设备金属外壳带电，导致

触电事故。 ( )

741. 扑救电气火灾,首先应做的是切断电源。 ( )

742. 三相输电线比单相输电线对远距离输电意义更大。 ( )

743. 电路里的电流是电动势引起的。 ( )

744. 危险物品,是指易燃易爆物品、危险化学品、放射性物品等能够危及人身安全和财产安全的物品。 ( )

745. 交流接触器的通断能力,与接触器的结构及灭弧方式有关。 ( )

746. 按要求,电动机每 1 kV 工作电压,绝缘电阻不得低于 1 MΩ。 ( )

747. 热继电器的双金属片弯曲的速度与电流大小有关,电流越大,速度越快,这种特性称为正比时限特性。 ( )

748. 依据《中华人民共和国消防法》,个人占用、堵塞、封闭疏散通道、安全出口或者有其他妨碍安全疏散行为的,处警告或者五百元以下罚款。 ( )

749. 在电路中 A、B 两点的电压用 U_{AB} 表示,则 $U_{AB}=U_BU_A$。 ( )

750. 隔离开关的额定电流应大于或等于总负荷电流,同时应考虑不同用途时的启动电流的影响。 ( )

751. 在测量直流电流时,应使电流从电流表的正端流入,负端流出。 ( )

752. 李某在江苏省取得焊接与热切割作业《特种作业操作证》,到浙江省就业后从事电工作业,依据《特种作业人员安全技术培训考核管理规定》,李某应重新参加培训,经考核取得电工作业《特种作业操作证》,方可上岗作业。 ( )

753. 架空电缆线路每条吊线上宜吊设一根电缆,杆上有两层吊线时,上下两吊线的垂直距离不应小于 0.3 m。 ( )

754. 负荷开关具有在故障情况下接通或开断短路电流的能力。 ( )

755. 导线通过建筑物的伸缩缝或沉降缝时,导线应稍有余量;敷设线管时,应装补偿装置。 ( )

756. 低压架空线路电杆的选择,主要从材质杆型、杆高和强度等几方面考虑。 ( )

757. 进户线使用护套线时必须穿管敷设。 ( )

758. 导体处于变化的磁场中时,导体内会产生感应电动势。 ( )

759. 在电阻并联的电路中,电路的总功率等于各分支电路的功率之和。 ( )

760. 并联电容器补偿装置是电力系统中重要的无功补偿设备,用以补偿系统的容性无功,提高功率因数,降低系统损耗,支撑系统电压。 ( )

761. 装于户外的电容器可以日光直接照射。 ( )

762. 剩余动作电流小于或等于 0.3 A 的剩余电流保护器属于高灵敏度剩余

电流保护器。（　）

763. 熔断器是一种最简单的保护电器，它并联于电路中。（　）

764. 将 10 A 的直流电流和最大值为 10 A 的交流电流分别通过阻值相同的电阻，则在同一时间内通过交流电流的电阻发热大。（　）

765. 感应电动势的方向与磁力线方向导体运动方向无关。（　）

766. 电磁式继电器具有与电源同步的功能。（　）

767. 电力线路敷设时可以采用突然剪断导线的办法松线。（　）

768. 用人单位应当建立健全职业病防治责任制，加强对职业病防治的管理，提高职业病防治水平，对本单位产生的职业病危害承担责任。（　）

769. 进入生产储存易燃易爆危险品的场所，必须执行消防安全规定。禁止非法携带易燃易爆危险品进入公共场所或者乘坐公共交通工具。（　）

770. 发现人员触电时，应立即用手拉开触电者，使之尽快脱离电源。（　）

771. 当事人对职业病诊断有异议的，可以向作出诊断的医疗卫生机构所在地地方人民政府卫生行政部门申请鉴定。（　）

772. 人体触电时，人体电阻越小，流过人体的电流就越小，也就越安全。（　）

773. 依据《生产安全事故报告和调查处理条例》，事故发生后，有关单位和人员应当妥善保护事故现场以及相关信息，任何单位和个人不得破坏事故现场毁灭相关证据。（　）

774. 新装电容器组投运前，应检查电容器的额定电压是否与电网电压相符。（　）

775. 当两个线圈放得很近，或两个线圈同绕在一个铁芯上时，如果其中一个线圈中电流变化，在另一个线圈中产生的感应电动势称为互感电动势。（　）

776. 对于接触职业危害因素的特种作业人员，如果上岗前未进行职业健康检查，则用人单位必须在上岗后的一个月内开展补救性措施。（　）

777. 电动机转子的旋转方向与旋转磁场的旋转方向相反。（　）

778. 开启式负荷开关用作电动机控制开关时，应将开关的熔体部分用导线直连，并在出线侧另外加装熔断器作短路保护。（　）

779. 依据《特种作业人员安全技术培训考核管理规定》，理论考试不及格的，允许补考 1 次；实操考试不及格的，不得补考。（　）

780. 当电缆导体温度等于电缆最高长期工作温度，而电缆中的发热与散热达到平衡时的负载电流称为允许载流量。（　）

781. 开关电器熄灭电弧，采取的主要办法之一是将电弧拉长，使电源电压不足以维持电弧燃烧，从而使电弧熄灭，断开电路。（　）

782. 在架空线路转角分支耐张终端和跨越杆均应装设拉线。 ( )

783. 发现初起火灾,应及时报警,并利用楼内的消防器材扑灭火源。 ( )

784. 判断是否漏电可用绝缘电阻摇表测量,看其电阻值的大小。 ( )

785. 电容器单元的短路、过电压引起的过电流,或者谐波都有导致熔断器的烧断。 ( )

786. 低压断路器的电磁脱扣器又称短路脱扣器或瞬时过流脱扣器。 ( )

787. 在生产安全事故发生后,事故现场人员李某立即打电话报告企业负责人,可电话一直打不通,于是李某就自行离开了事故现场。结果,事故抢救时机被贻误,造成了严重后果。根据刑法等有关规定,李某履行了报告职责,只是联系不上企业负责人,因此不用被追究刑事责任。 ( )

788. 为防止人身触电事故,水不能用于带电灭火。 ( )

789. 单相异步电动机采用三相交流电源,电动机功率一般都比较小。 ( )

790. 高压电容器外壳有异形膨胀时,一般不需要将电容器立即退出运行。 ( )

791. 生产经营单位的安全生产管理机构以及安全生产管理人员有权制止和纠正违章指挥、强令冒险作业、违反操作规程的行为。 ( )

附录 B　模拟考试练习题参考答案

一、单选题

1. A	2. C	3. B	4. C	5. C	6. B	7. B	8. A	9. A	10. C	11. A
12. B	13. B	14. C	15. C	16. A	17. B	18. B	19. B	20. B	21. B	22. C
23. B	24. C	25. B	26. B	27. B	28. C	29. C	30. A	31. B	32. A	33. B
34. B	35. A	36. B	37. C	38. B	39. C	40. B	41. A	42. A	43. A	44. A
45. A	46. B	47. B	48. B	49. B	50. B	51. B	52. C	53. A	54. A	55. B
56. C	57. B	58. C	59. C	60. B	61. B	62. A	63. C	64. A	65. A	66. A
67. B	68. C	69. B	70. C	71. C	72. B	73. C	74. C	75. C	76. C	77. B
78. B	79. B	80. B	81. B	82. A	83. A	84. C	85. B	86. C	87. A	88. B
89. C	90. A	91. C	92. C	93. C	94. C	95. B	96. B	97. C	98. B	99. A
100. B	101. B	102. A	103. B	104. C	105. C	106. A	107. B	108. B	109. C	110. A
111. A	112. B	113. C	114. C	115. A	116. A	117. A	118. B	119. B	120. B	121. B
122. A	123. B	124. B	125. B	126. B	127. C	128. B	129. C	130. C	131. B	132. B
133. C	134. B	135. B	136. A	137. B	138. B	139. B	140. C	141. C	142. B	143. A
144. C	145. C	146. A	147. C	148. A	149. C	150. C	151. B	152. A	153. B	154. B
155. B	156. A	157. A	158. A	159. B	160. A	161. C	162. A	163. C	164. A	165. A
166. A	167. C	168. B	169. C	170. C	171. A	172. B	173. A	174. A	175. A	176. A
177. A	178. B	179. C	180. C	181. C	182. A	183. C	184. C	185. B	186. B	187. B
188. A	189. C	190. C	191. B	192. C	193. C	194. B	195. A	196. B	197. B	198. C
199. C	200. C	201. C	202. C	203. B	204. B	205. C	206. B	207. C	208. A	209. B
210. C	211. B	212. A	213. B	214. C	215. B	216. C	217. B	218. A	219. A	220. B
221. C	222. A	223. B	224. A	225. B	226. A	227. C	228. A	229. B	230. C	231. A
232. C	233. A	234. C	235. B	236. B	237. A	238. A	239. A	240. A	241. A	242. C
243. C	244. B	245. B	246. A	247. A	248. A	249. C	250. C	251. B	252. C	253. A
254. A	255. C	256. B	257. A	258. B	259. A	260. C	261. B	262. B	263. C	264. B
265. B	266. C	267. B	268. C	269. B	270. C	271. B	272. C	273. B	274. C	275. A
276. C	277. C	278. B	279. B	280. C	281. C	282. A	283. C	284. A	285. A	286. A
287. B	288. B	289. A	290. C	291. A	292. C	293. A	294. B	295. C	296. B	297. C
298. C	299. A	300. B	301. C	302. A	303. B	304. B	305. B	306. A	307. C	308. C

309. B 310. C 311. A 312. A 313. B 314. A 315. B 316. B 317. B 318. B 319. B
320. A 321. A 322. B 323. A 324. A 325. B 326. A 327. B 328. B 329. A 330. C
331. A 332. C 333. B 334. B 335. B 336. C 337. B 338. A 339. B 340. A 341. B
342. B 343. A 344. C 345. A 346. A 347. B 348. C 349. B 350. A 351. B 352. A
353. A 354. C 355. B 356. B 357. B 358. B 359. C 360. B 361. B 362. A 363. C
364. A 365. A 366. A 367. B 368. B 369. A 370. B 371. B 372. A 373. C 374. C
375. A 376. A 377. B 378. A 379. C 380. C 381. A 382. A 383. A 384. A 385. B
386. B 387. B 388. A 389. B 390. C 391. B 392. B 393. C 394. C 395. C 396. B
397. B 398. A 399. B 400. C 401. B 402. A 403. A 404. C 405. B 406. C 407. B
408. A 409. A 410. C 411. C 412. A 413. B 414. B 415. C 416. A 417. A 418. A
419. C 420. A 421. B 422. C 423. A 424. B 425. A 426. B 427. C 428. C 429. B
430. B 431. C 432. A 433. B 434. B 435. A 436. B 437. A 438. B 439. B 440. C
441. C 442. C 443. B 444. B 445. C 446. A 447. B 448. A 449. C 450. B 451. A
452. A 453. A 454. A 455. A 456. B 457. A 458. A 459. A 460. B 461. A 462. B
463. B 464. A 465. C 466. B 467. A 468. C 469. B 470. C 471. B 472. B 473. B
474. C 475. B 476. B 477. B 478. A 479. A 480. C 481. C 482. B 483. A 484. C
485. C 486. B 487. A 488. C 489. B 490. B 491. B 492. B 493. A 494. A 495. B
496. A 497. B 498. A 499. B 500. C 501. B 502. B 503. C 504. C 505. B 506. B
507. B 508. C 509. B 510. A 511. A 512. B 513. A 514. A 515. C 516. B 517. A
518. A 519. C 520. A 521. C 522. B 523. C 524. B 525. B 526. C 527. C 528. A
529. B 530. C 531. B 532. A 533. B 534. B 535. C 536. C 537. B 538. A 539. C

二、判断题

1. × 2. √ 3. √ 4. × 5. × 6. √ 7. √ 8. √ 9. × 10. × 11. √
12. × 13. × 14. √ 15. × 16. × 17. √ 18. √ 19. × 20. √ 21. √ 22. ×
23. √ 24. √ 25. × 26. √ 27. √ 28. √ 29. √ 30. √ 31. √ 32. √ 33. √
34. √ 35. √ 36. √ 37. √ 38. √ 39. √ 40. × 41. √ 42. √ 43. × 44. ×
45. × 46. √ 47. √ 48. √ 49. √ 50. × 51. √ 52. √ 53. √ 54. × 55. √
56. × 57. √ 58. √ 59. × 60. √ 61. √ 62. × 63. × 64. √ 65. √ 66. ×
67. √ 68. × 69. √ 70. × 71. √ 72. × 73. × 74. √ 75. √ 76. √ 77. √
78. × 79. × 80. √ 81. × 82. × 83. √ 84. × 85. √ 86. √ 87. √ 88. ×
89. √ 90. √ 91. × 92. × 93. × 94. × 95. × 96. × 97. √ 98. √ 99. ×
100. √ 101. × 102. √ 103. √ 104. × 105. × 106. √ 107. √ 108. √ 109. × 110. √
111. √ 112. × 113. √ 114. √ 115. √ 116. √ 117. √ 118. × 119. √ 120. × 121. ×

122. ×　123. √　124. √　125. √　126. ×　127. √　128. √　129. √　130. √　131. ×　132. √
133. √　134. ×　135. ×　136. √　137. √　138. √　139. ×　140. ×　141. √　142. √　143. √
144. √　145. ×　146. √　147. ×　148. ×　149. √　150. √　151. √　152. √　153. √　154. √
155. √　156. √　157. √　158. ×　159. ×　160. ×　161. ×　162. √　163. √　164. ×　165. √
166. √　167. ×　168. ×　169. ×　170. ×　171. √　172. ×　173. √　174. √　175. ×　176. √
177. ×　178. ×　179. √　180. ×　181. √　182. ×　183. ×　184. √　185. √　186. ×　187. √
188. √　189. √　190. ×　191. √　192. √　193. √　194. √　195. ×　196. √　197. √　198. ×
199. √　200. √　201. √　202. √　203. √　204. √　205. ×　206. √　207. ×　208. ×　209. √
210. ×　211. ×　212. √　213. ×　214. ×　215. √　216. √　217. √　218. √　219. √　220. √
221. √　222. ×　223. ×　224. √　225. √　226. √　227. √　228. √　229. ×　230. √　231. √
232. √　233. ×　234. ×　235. √　236. √　237. ×　238. ×　239. √　240. √　241. ×　242. √
243. √　244. √　245. ×　246. √　247. √　248. √　249. √　250. ×　251. ×　252. √　253. √
254. ×　255. √　256. ×　257. √　258. √　259. √　260. √　261. ×　262. ×　263. ×　264. √
265. √　266. ×　267. √　268. √　269. √　270. √　271. ×　272. √　273. √　274. √　275. √
276. ×　277. √　278. ×　279. √　280. √　281. ×　282. √　283. √　284. ×　285. √　286. ×
287. ×　288. √　289. √　290. √　291. √　292. ×　293. ×　294. √　295. ×　296. ×　297. √
298. √　299. ×　300. √　301. √　302. √　303. ×　304. √　305. ×　306. ×　307. √　308. ×
309. √　310. √　311. ×　312. √　313. ×　314. √　315. √　316. √　317. √　318. √　319. ×
320. ×　321. ×　322. √　323. √　324. ×　325. √　326. √　327. ×　328. ×　329. ×　330. ×
331. √　332. √　333. ×　334. √　335. ×　336. √　337. √　338. √　339. ×　340. √　341. ×
342. √　343. √　344. √　345. √　346. ×　347. √　348. √　349. √　350. √　351. ×　352. √
353. ×　354. √　355. √　356. ×　357. √　358. ×　359. ×　360. √　361. ×　362. ×　363. ×
364. √　365. ×　366. √　367. ×　368. √　369. √　370. √　371. √　372. √　373. ×　374. ×
375. ×　376. ×　377. ×　378. √　379. √　380. √　381. √　382. √　383. √　384. √　385. ×
386. ×　387. √　388. ×　389. ×　390. √　391. √　392. √　393. √　394. √　395. √　396. ×
397. ×　398. ×　399. √　400. ×　401. ×　402. ×　403. √　404. ×　405. √　406. ×　407. ×
408. √　409. ×　410. ×　411. ×　412. ×　413. ×　414. √　415. √　416. √　417. ×　418. ×
419. √　420. ×　421. ×　422. ×　423. ×　424. ×　425. ×　426. √　427. ×　428. ×　429. √
430. ×　431. ×　432. ×　433. ×　434. √　435. ×　436. √　437. ×　438. ×　439. ×　440. √
441. √　442. ×　443. ×　444. ×　445. ×　446. ×　447. √　448. √　449. √　450. ×　451. √
452. √　453. ×　454. √　455. √　456. ×　457. ×　458. ×　459. ×　460. ×　461. √　462. √
463. ×　464. √　465. ×　466. √　467. √　468. √　469. √　470. ×　471. √　472. ×　473. ×
474. √　475. ×　476. √　477. √　478. √　479. ×　480. √　481. √　482. √　483. √　484. ×
485. ×　486. ×　487. √　488. √　489. ×　490. √　491. ×　492. √　493. √　494. ×　495. ×

496. √ 497. × 498. × 499. √ 500. √ 501. × 502. √ 503. √ 504. √ 505. √ 506. √
507. × 508. × 509. × 510. √ 511. × 512. × 513. × 514. × 515. √ 516. √ 517. √
518. √ 519. √ 520. √ 521. √ 522. √ 523. √ 524. × 525. √ 526. √ 527. √ 528. √
529. × 530. √ 531. √ 532. √ 533. √ 534. √ 535. × 536. √ 537. × 538. × 539. √
540. √ 541. × 542. √ 543. √ 544. × 545. × 546. √ 547. × 548. × 549. × 550. ×
551. √ 552. √ 553. √ 554. √ 555. √ 556. × 557. √ 558. × 559. × 560. √ 561. √
562. × 563. √ 564. √ 565. × 566. √ 567. × 568. √ 569. √ 570. √ 571. × 572. ×
573. √ 574. √ 575. √ 576. √ 577. √ 578. × 579. √ 580. × 581. √ 582. √ 583. √
584. × 585. √ 586. × 587. × 588. √ 589. √ 590. √ 591. √ 592. √ 593. √ 594. ×
595. √ 596. × 597. √ 598. √ 599. √ 600. √ 601. √ 602. √ 603. × 604. × 605. √
606. √ 607. × 608. √ 609. √ 610. √ 611. × 612. √ 613. √ 614. × 615. × 616. √
617. √ 618. × 619. × 620. √ 621. × 622. √ 623. × 624. × 625. × 626. √ 627. √
628. × 629. × 630. √ 631. √ 632. × 633. √ 634. √ 635. × 636. √ 637. √ 638. √
639. √ 640. √ 641. √ 642. √ 643. × 644. √ 645. × 646. √ 647. √ 648. √ 649. ×
650. √ 651. √ 652. √ 653. √ 654. √ 655. √ 656. × 657. √ 658. × 659. × 660. √
661. √ 662. × 663. √ 664. √ 665. × 666. √ 667. √ 668. √ 669. √ 670. × 671. √
672. × 673. × 674. × 675. √ 676. × 677. √ 678. √ 679. √ 680. √ 681. √ 682. ×
683. √ 684. × 685. √ 686. √ 687. × 688. √ 689. × 690. √ 691. × 692. √ 693. √
694. × 695. √ 696. × 697. × 698. √ 699. × 700. × 701. × 702. × 703. × 704. √
705. √ 706. √ 707. × 708. √ 709. √ 710. √ 711. × 712. × 713. √ 714. √ 715. √
716. √ 717. × 718. × 719. × 720. × 721. × 722. × 723. √ 724. × 725. × 726. √
727. √ 728. × 729. × 730. √ 731. × 732. √ 733. √ 734. × 735. √ 736. √ 737. √
738. × 739. √ 740. √ 741. √ 742. √ 743. √ 744. √ 745. √ 746. √ 747. × 748. √
749. × 750. √ 751. √ 752. √ 753. √ 754. × 755. √ 756. √ 757. √ 758. √ 759. √
760. × 761. × 762. × 763. × 764. × 765. × 766. × 767. × 768. √ 769. √ 770. ×
771. √ 772. × 773. √ 774. √ 775. √ 776. × 777. × 778. √ 779. × 780. √ 781. √
782. √ 783. √ 784. √ 785. √ 786. √ 787. × 788. √ 789. × 790. × 791. √

参 考 文 献

[1]廖少鹏,黄永泉,王运莉．低压电工实操复习指导书[M]．广州:世界图书出版广东有限公司,2019.
[2]全国安全生产教育培训教材编审委员会．低压电工作业[M]．徐州:中国矿业大学出版社,2015.
[3]张敏．电工技术手册[M]．北京:中国劳动社会保障出版社,2016.
[4]李敬梅．电力拖动控制电路与技能训练[M].4 版.北京:中国劳动社会保障出版社,2007.
[5]陈惠群．电工仪表与测量[M].3 版.北京．中国劳动社会保障出版社,2001.